Marco Bettner/Erik Dinges

Abwechslungsreich Mathe üben!

2. Klasse

Aufgaben zu allen wichtigen Lehrplanthemen
mit ansteigendem Schwierigkeitsgrad

Auer Verlag GmbH

Die Autoren:

Marco Bettner – Rektor als Ausbildungsleiter, Haupt- und Realschullehrer, Referent in der Lehrerfort- und Lehrerweiterbildung, zahlreiche Veröffentlichungen als Autor und Herausgeber

Dr. Erik Dinges – Rektor einer Förderschule für Lernhilfe, Referent in der Lehrerfort- und Lehrerweiterbildung, zahlreiche Veröffentlichungen als Autor und Herausgeber

Gedruckt auf umweltbewusst gefertigtem, chlorfrei gebleichtem
und alterungsbeständigem Papier.

1. Auflage 2010
Nach den seit 2006 amtlich gültigen Regelungen der Rechtschreibung

Illustrationen im Innenteil: Grafikdesign Bettina Weyland
Satz: Satzpunkt Ursula Ewert GmbH, Bayreuth
Druck und Bindung: Franz X. Stückle Druck und Verlag, Ettenheim
ISBN 978-3-403-0**6368**-1

www.auer-verlag.de

Inhalt

Vorwort

Immer wieder bemängeln Lehrkräfte, dass für Schülerinnen und Schüler nicht genügend Übungsmaterial zur Verfügung steht. Es fehlt eine Zusammenstellung von Mathematikaufgaben bezogen auf die Inhalte einzelner Jahrgangsstufen, die insbesondere die Aufgabenformate der Bildungsstandards beinhaltet. Diese Aufgabensammlung muss es den Lehrerinnen und Lehrern ermöglichen, kurzfristig eine thematische Auswahl zu treffen. Die darauf aufbauende Unterrichtsstunde soll im Rahmen der Differenzierung sowohl für leistungsschwächere als auch für leistungsstärkere Schülerinnen und Schüler zum Erwerb mathematischer Kompetenzen führen.

Das vorliegende Heft „Abwechslungsreich Mathe üben!" soll eine solche Aufgabensammlung für die 2. Klasse bieten. Die einzelnen Inhaltsbereiche wurden thematisch eng eingegrenzt, um eine leichte Zuordnung zur momentanen Unterrichtssituation zu gewährleisten.

Zu jeder Stunde gibt es drei Kopiervorlagen:

- Die erste Kopiervorlage dient entweder als Folie zum Einsatz auf dem Overheadprojektor oder als Basis zum Entwickeln eines Tafelbildes (gekennzeichnet durch ein -Symbol). Auf dieser Kopiervorlage sind die für die jeweilige Thematik grundlegenden mathematischen Zusammenhänge dargestellt, um einerseits der Lehrkraft fachspezifische Hinweise und andererseits den Schülerinnen und Schülern eine kurze Wiederholung von bereits gelerntem Wissen zu geben. Dies ist unter anderem Grundlage für die nachfolgende Bearbeitung des dazugehörigen Arbeitsblattes.
  Die Lösungen der Aufgabenstellungen befinden sich unten rechts auf der Seite. Sie können vor dem Kopieren auf Folie abgedeckt werden.
- Die zweite Kopiervorlage ist ein Arbeitsblatt mit Übungsaufgaben (gekennzeichnet durch ein -Symbol. Für schwächere Schülerinnen und Schüler wurde ein Großteil der Aufgaben aus dem Anforderungsbereich „Reproduktion" (siehe hierzu die aktuellen Bildungsstandards der KMK) aufgenommen. Leistungsstärkere Schülerinnen und Schüler erhalten zudem durch Knobelaufgaben oder durch Aufgabenformate aus den anderen beiden Anforderungsbereichen am Ende des Arbeitsblattes die Möglichkeit, weitere mathematische Kompetenzen zu entwickeln bzw. vorhandene auszubauen. Die Aufgaben sind abwechslungsreich und spielerisch gestaltet, sodass Motivation und Spaß beim Üben nicht zu kurz kommen.
- Die dritte Kopiervorlage enthält die entsprechenden Lösungen für die Lehrkraft (gekennzeichnet durch ein -Symbol). Durch die Gestaltung der Lösungsblätter können diese auch als Lösungsseiten im Sinne einer Selbstkontrolle kopiert und im Unterricht bereitgestellt werden.

Diese Vorgehensweise ermöglicht es der Lehrkraft, passend auf die Lerngruppe ausgewählte Inhaltsbereiche im Unterricht produktiv zu üben.

Viel Freude und Erfolg mit dem vorliegenden Heft wünschen Ihnen

Marco Bettner *Dr. Erik Dinges*

Zahlenraumvorstellung

Zahlenstrahl bis 100

1

Zahlen lassen sich besonders gut am Zahlenstrahl darstellen.

Bewegt man sich auf dem Zahlenstrahl nach **rechts**, so werden die Zahlen **größer**.
Bewegt man sich nach **links**, so werden die Zahlen **kleiner**.

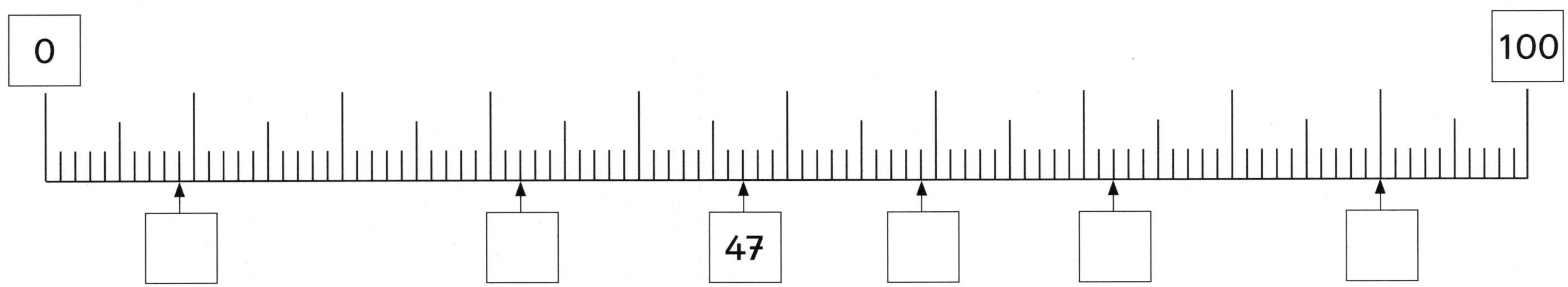

Wie heißen die Zahlen in den Kästchen?

Lösung: 9, 32, 59, 72, 90

Zahlraumvorstellung

Zahlenstrahl bis 100

1

❶ Vervollständige die Sätze.

a) Geht man am Zahlenstrahl nach rechts, so werden die Zahlen __________.

b) Geht man am Zahlenstrahl nach links, so werden die Zahlen __________.

❷ Wie heißen die Zahlen? Trage ein.

a)

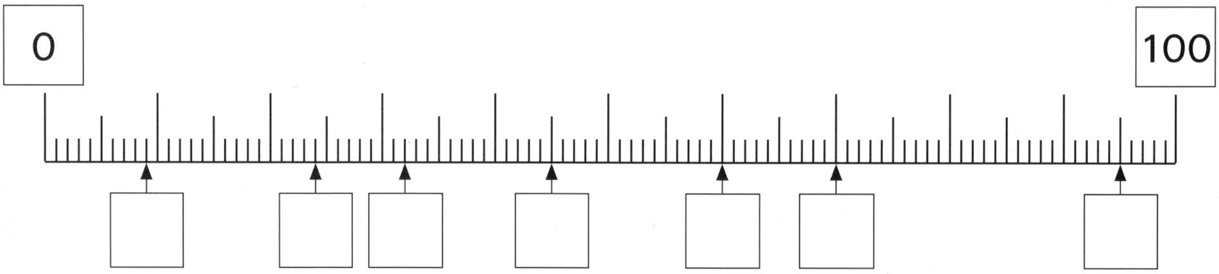

b)

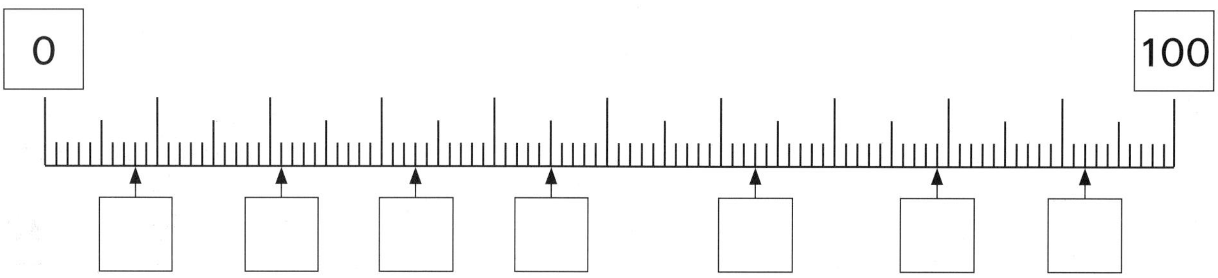

c)

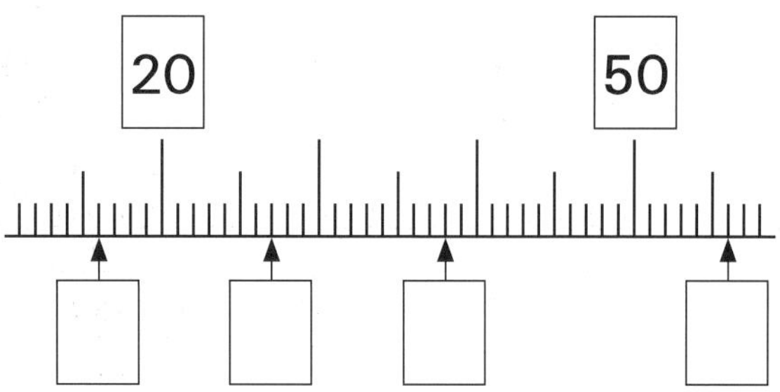

d)

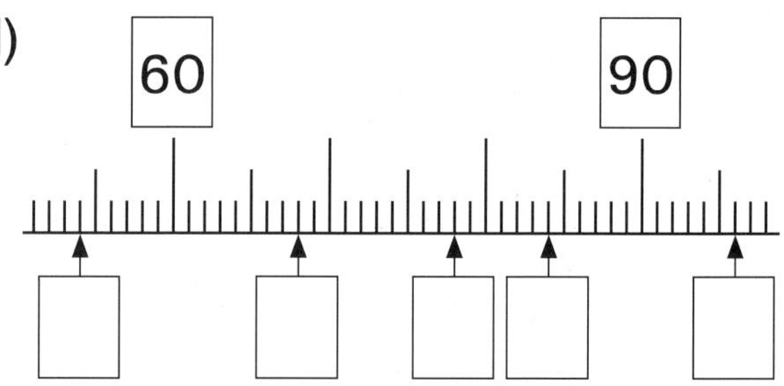

❸ Markiere folgende Zahlen am Zahlenstrahl und schreibe sie an die richtige Stelle.

18, 98, 35, 64, 9, 25, 81, 59, 43, 31, 87

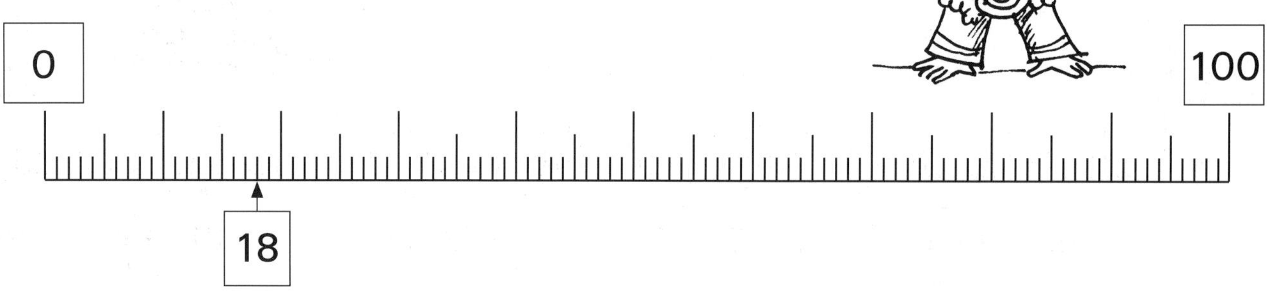

Zahlenstrahl bis 100

Lösung **1**

❶ Vervollständige die Sätze.

a) Geht man am Zahlenstrahl nach rechts, so werden die Zahlen größer.

b) Geht man am Zahlenstrahl nach links, so werden die Zahlen kleiner.

❷ Wie heißen die Zahlen? Trage ein.

a) 0 … 100

9, 24, 32, 45, 60, 70, 95

b) 0 … 100

8, 21, 33, 45, 63, 79, 92

c) 20 … 50

16, 27, 38, 56

d) 60 … 90

54, 68, 78, 84, 96

❸ Markiere folgende Zahlen am Zahlenstrahl und schreibe sie an die richtige Stelle.

18, 98, 35, 64, 9, 25, 81, 59, 43, 31, 87

0 … 100

9, 18, 25, 31, 35, 43, 59, 64, 81, 87, 98

Zahlraumvorstellung

Hundertertafel

2

Die Zahlen 1 bis 100 kann man in einer Hundertertafel darstellen.

a) Trage die fehlenden Zahlen ein.

Bei der Arbeit mit der Hundertertafel gelten folgende Regeln:
Geht man um 1 nach links, so wird die Zahl um 1 kleiner.
Geht man um 1 nach rechts, so wird die Zahl um 1 größer.
Geht man um 1 nach oben, so wird die Zahl um 10 kleiner.
Geht man um 1 nach unten, so wird die Zahl um 10 größer.

b) Zu welcher Zahl kommst du?

38  ______

67 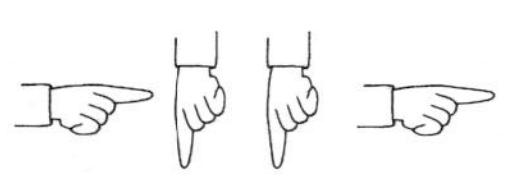 ______

1	2	3	4	5	6	7	8	9	10
11	12		14	15	16		18	19	
21	22	23	24		26	27	28	29	30
31				35	36	37	38	39	
41	42		44	45	46		48	49	50
51		53	54	55				59	60
61	62			65	66	67		69	70
	72		74	75		77	78	79	
81		83	84	85		87	88	89	90
91		93	94		96	97		99	

Lösung: 56, 89

M. Bettner/E. Dinges: Abwechslungsreich Mathe üben! 2. Klasse

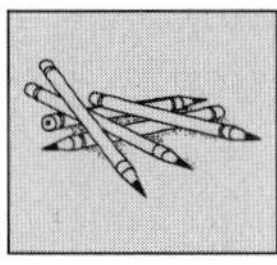

Zahlraumvorstellung

Hundertertafel

1 Trage die fehlenden Zahlen in die Hundertertafel ein.

1	2	3		5			8	9	10
11		13	14	15			18	19	20
	22			25	26	27	28	29	
31		33		35	36		38	39	
41			44	45	46		48	49	50
51	52	53		55	56		58	59	
61	62		64	65	66		68	69	
71	72	73		75	76	77			
	82	83	84	85		87	88	89	
91	92		94	95	96		98	99	

2 Male alle Zahlen, in denen die Ziffer 3 vorkommt, blau an.

3 Zu welcher Zahl kommst du?

a) 42 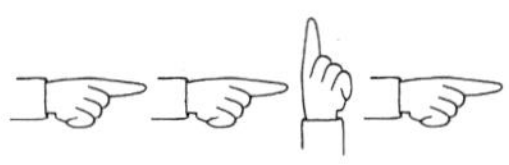

b) 66 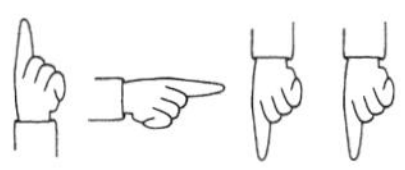

4 Finde die gesuchten Zahlen in der Hundertertafel und schreibe sie als Wort ins Kreuzworträtsel.

Achtung: ü = UE, ß = SS

Waagerecht:

2 Starte bei der Zahl 70. Gehe zwei Schritte nach unten und dann drei Schritte nach links.

3 Die gesuchte Zahl wird eingekreist von den Zahlen 59, 79, 68 und 70.

4 Die gesuchte Zahl hat die Nachbarzahlen 42 und 44.

5 Starte bei der 31. Gehe einen Schritt nach unten, drei Schritte nach rechts und einen Schritt nach oben.

7 Starte bei der Zahl 1. Gehe einen Schritt nach unten und sieben Schritte nach rechts.

8 Starte bei der Zahl 30 und gehe neun Schritte zurück.

Senkrecht:

1 Starte bei der Zahl 55 und gehe drei Schritte nach links.

6 Starte bei der 100 und gehe 40 Schritte zurück.

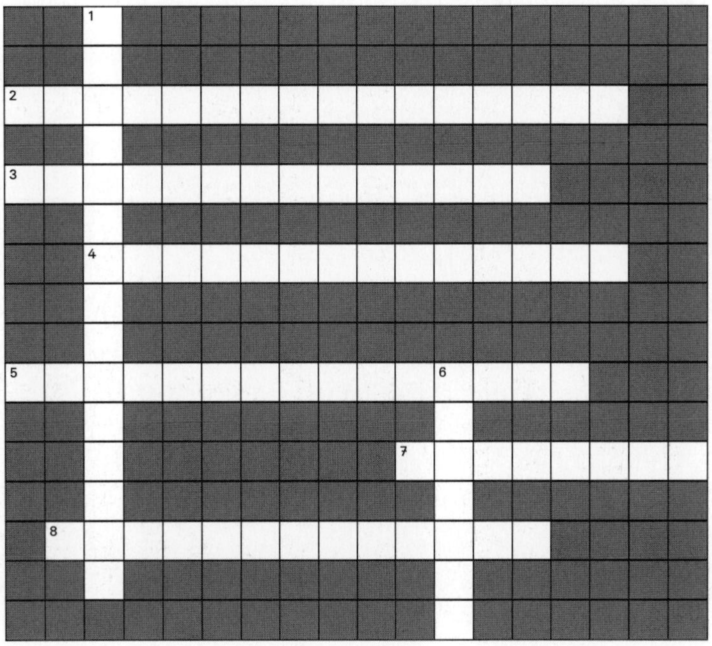

Zahlraumvorstellung

Hundertertafel

Lösung **2**

❶ Trage die fehlenden Zahlen in die Hundertertafel ein.

❷ Male alle Zahlen, in denen die Ziffer 3 vorkommt, blau an.

❸ Zu welcher Zahl kommst du?

a) 42  35

b) 66 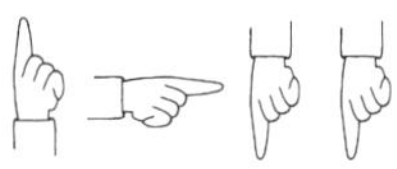 77

1	2	3	4	5	6	7	8	9	10
11	12	13	14	15	16	17	18	19	20
21	22	23	24	25	26	27	28	29	30
31	32	33	34	35	36	37	38	39	40
41	42	43	44	45	46	47	48	49	50
51	52	53	54	55	56	57	58	59	60
61	62	63	64	65	66	67	68	69	70
71	72	73	74	75	76	77	78	79	80
81	82	83	84	85	86	87	88	89	90
91	92	93	94	95	96	97	98	99	100

❹ Finde die gesuchten Zahlen in der Hundertertafel und schreibe sie als Wort ins Kreuzworträtsel.

Achtung: ü = UE, ß = SS

Waagerecht:

2 Starte bei der Zahl 70. Gehe zwei Schritte nach unten und dann drei Schritte nach links.
3 Die gesuchte Zahl wird eingekreist von den Zahlen 59, 79, 68 und 70.
4 Die gesuchte Zahl hat die Nachbarzahlen 42 und 44.
5 Starte bei der 31. Gehe einen Schritt nach unten, drei Schritte nach rechts und einen Schritt nach oben.
7 Starte bei der Zahl 1. Gehe einen Schritt nach unten und sieben Schritte nach rechts.
8 Starte bei der Zahl 30 und gehe neun Schritte zurück.

Senkrecht:

1 Starte bei der Zahl 55 und gehe drei Schritte nach links.
6 Starte bei der 100 und gehe 40 Schritte zurück.

		[1]Z															
		W															
[2]S	I	E	B	E	N	U	N	D	A	C	H	T	Z	I	G		
		I															
[3]N	E	U	N	U	N	D	S	E	C	H	Z	I	G				
		N															
		[4]D	R	E	I	U	N	D	V	I	E	R	Z	I	G		
		F															
		U															
[5]V	I	E	R	U	N	D	D	R	E	I	[6]S	S	I	G			
		N									E						
		F								[7]A	C	H	T	Z	E	H	N
		Z									H						
	[8]E	I	N	U	N	D	Z	W	A	N	Z	I	G				
		G									I						
											G						

Zahlraumvorstellung

Zehnersystem und Stellenwerttafel

3

Du weißt: **E** steht für **E**iner.
Z steht für **Z**ehner.
H steht für **H**underter.

10 Einer lassen sich zu einem Zehner bündeln, also: 10 E = 1 Z.
10 Zehner lassen sich zu einem Hunderter bündeln, also: 10 Z = 1 H.

Beispiel:

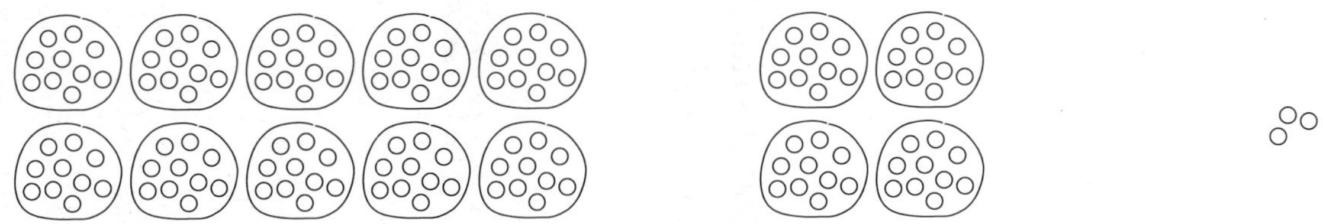

1 Hunderter (H) 4 Zehner (Z) 3 Einer (E)

Aufgabe:
Schreibe in die Stellenwerttafel.
a) 3 Z 4 E
b) 5 Z 11 E

	H	Z	E
	1	4	3
a)			
b)			

Lösung: a) 34; b) 61

Zahlraumvorstellung

Zehnersystem und Stellenwerttafel

3

❶ Bündle und schreibe das Ergebnis ins Haus.

Z = Zehner
E = Einer
10 E = 1 Z
10 Z = 1 H

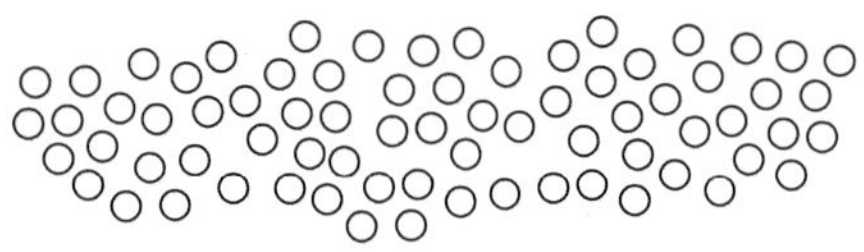

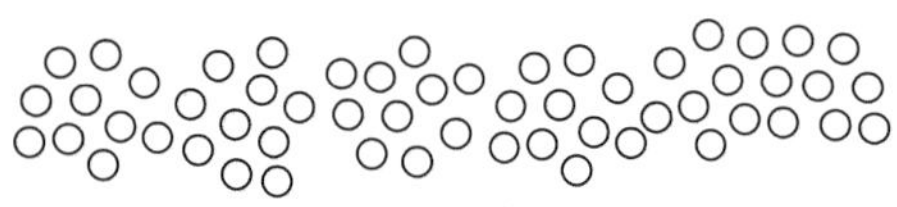

H	Z	E

❷ Trage in die Tabelle ein.

H	Z	E

5 Z 1 E
1 Z 7 E
8 Z 8 E

H	Z	E

2 Z 10 E
5 Z 16 E
9 Z 10 E

❸ Schreibe in Worten.

a) 23: dreiundzwanzig
b) 45: ____________
c) 100: ____________
d) 6 Z 7 E: ____________
e) 4 Z 10 E: ____________
f) 7 Z 23 E: ____________
g) 8 Z 8 E: ____________
h) 10 Z 0 E: ____________

Zehnersystem und Stellenwerttafel

Lösung **3**

❶ Bündle und schreibe das Ergebnis ins Haus.

Z = Zehner
E = Einer
10 E = 1 Z
10 Z = 1 H

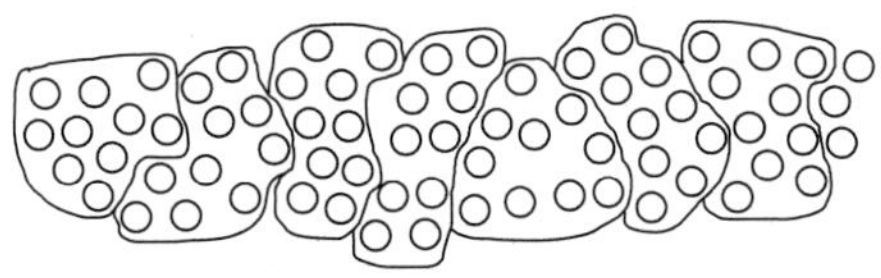

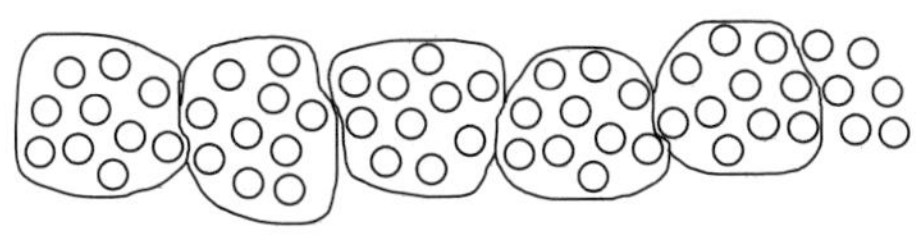

H	Z	E
	7	3
	5	6
	8	1
1	0	0

❷ Trage in die Tabelle ein.

H	Z	E
	5	1
	1	7
	8	8

5 Z 1 E
1 Z 7 E
8 Z 8 E

H	Z	E
	3	0
	6	6
1	0	0

2 Z 10 E
5 Z 16 E
9 Z 10 E

❸ Schreibe in Worten.

a) 23: dreiundzwanzig

b) 45: fünfundvierzig

c) 100: hundert *oder* einhundert

d) 6 Z 7 E: siebenundsechzig

e) 4 Z 10 E: fünfzig

f) 7 Z 23 E: dreiundneunzig

g) 8 Z 8 E: achtundachtzig

h) 10 Z 0 E: einhundert *oder* hundert

Zahloperationen: Addition

Zahlenstrahl (ohne Zehnerübergang)

1

Der Zahlenstrahl hilft dir beim Lösen von Plus-Aufgaben.
Diese kannst du am Zahlenstrahl malen und das Ergebnis dann ablesen.

Beispiel: 21 + 48 = 69

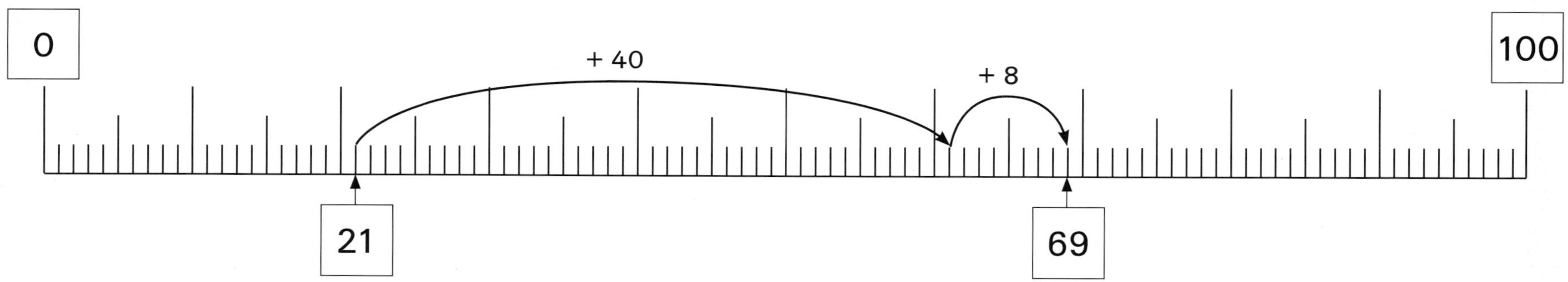

Aufgabe: ☐ + ☐ = ☐

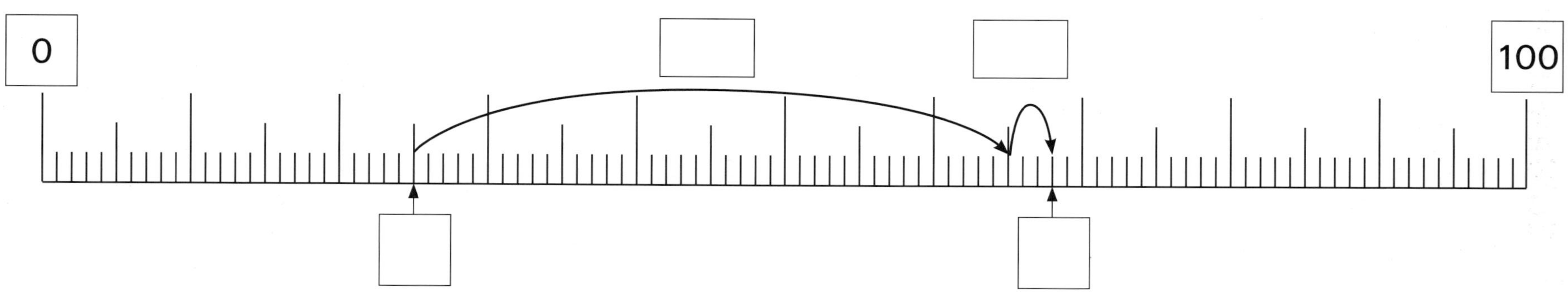

Lösung: 25 + 43 = 68; 25 + 40 + 3 = 68

Zahloperationen: Addition

Zahlenstrahl (ohne Zehnerübergang)

1

1 Male die Aufgaben am Zahlenstrahl und berechne.

a) 56 + 32 = ______

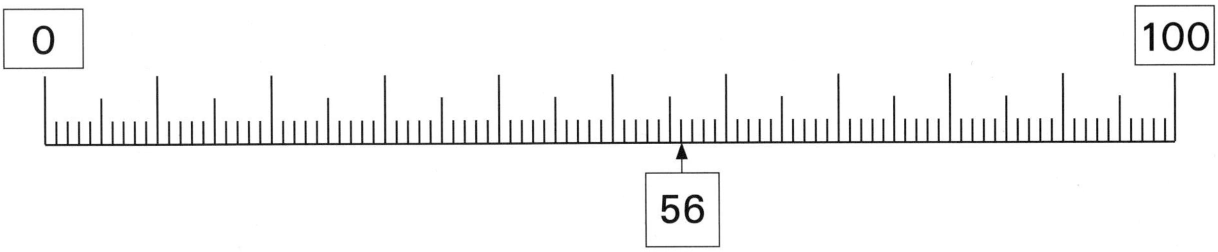

b) 24 + 55 = ______

c) 17 + 21 = ______

d) 46 + 32 = ______

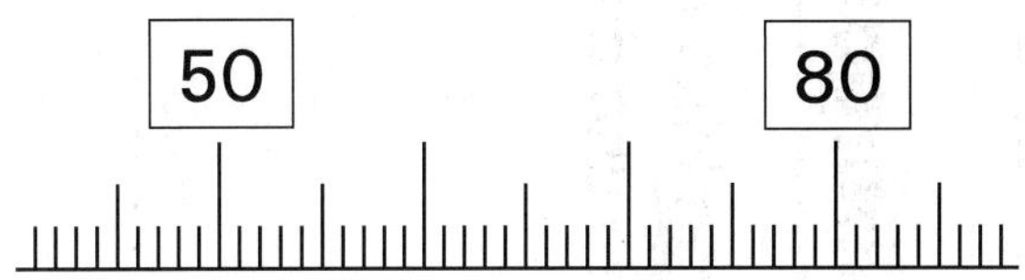

2 Wie heißt die Aufgabe? Löse.

a)

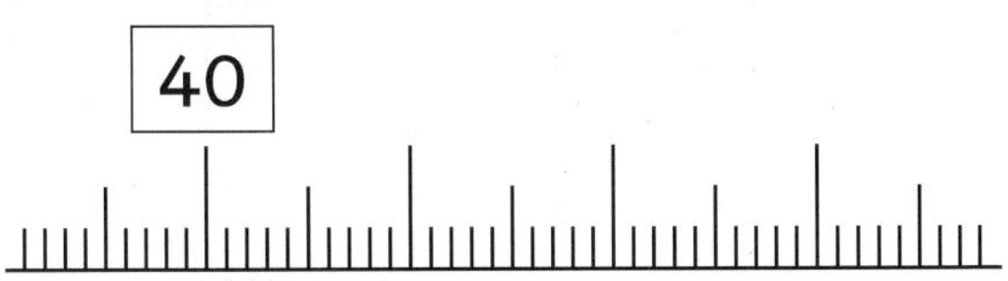

_____ + _____ = _____

b)

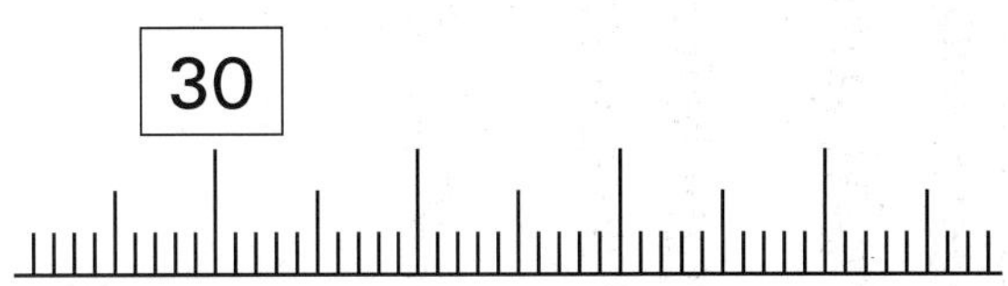

_____ + _____ = _____

c)

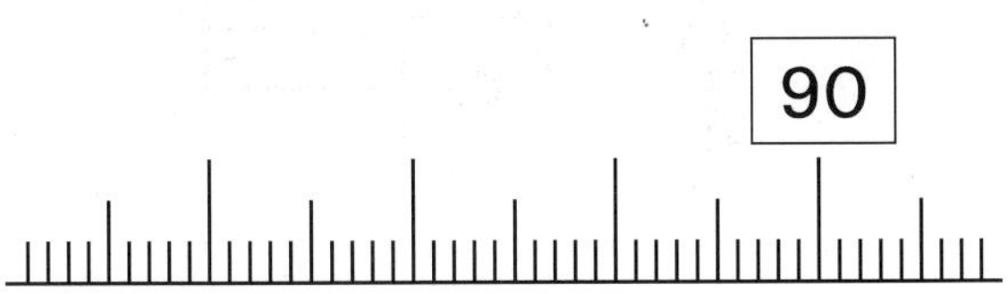

_____ + _____ = _____

d)

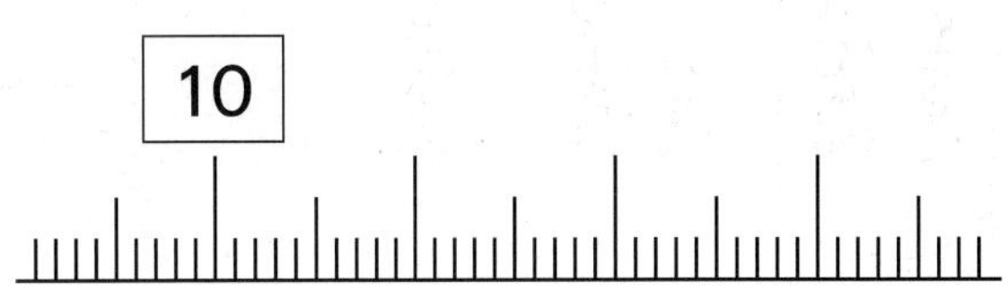

_____ + _____ = _____

Zahlenstrahl (ohne Zehnerübergang)

Lösung **1**

❶ Male die Aufgaben am Zahlenstrahl und berechne.

a) 56 + 32 = 88

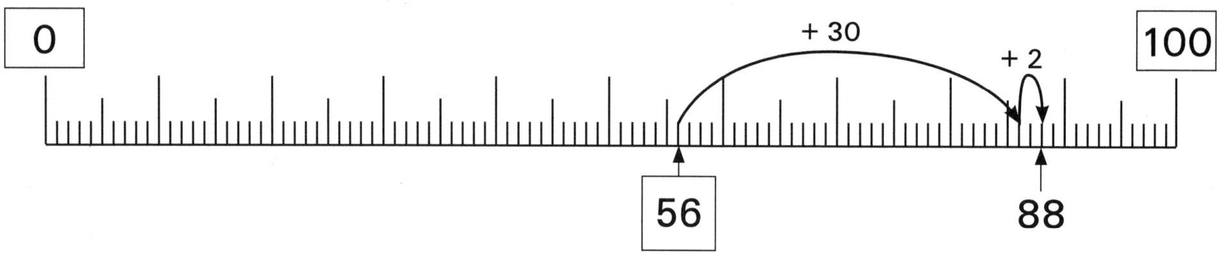

b) 24 + 55 = 79

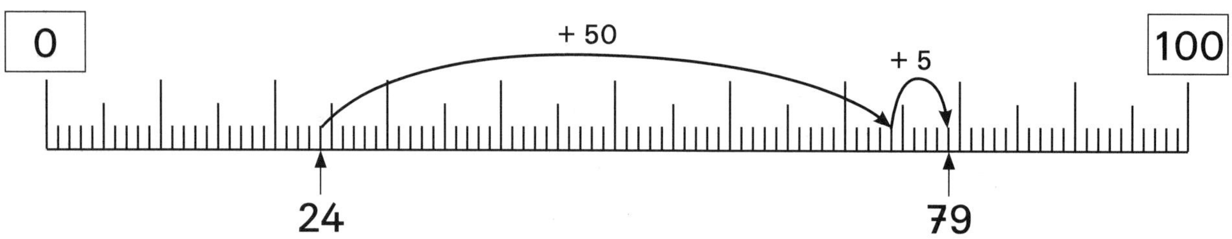

c) 17 + 21 = 38

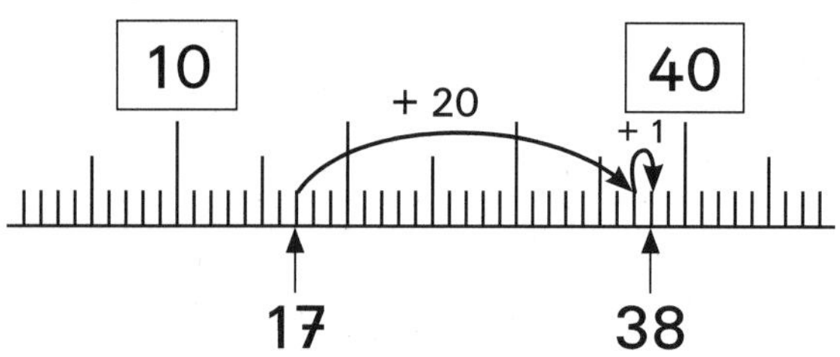

d) 46 + 32 = 78

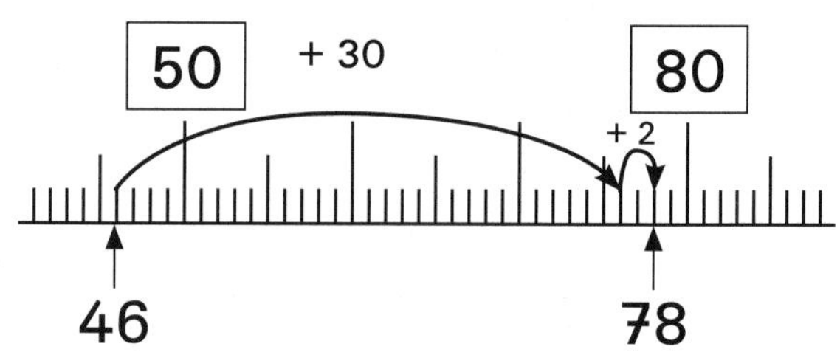

❷ Wie heißt die Aufgabe? Löse.

a)

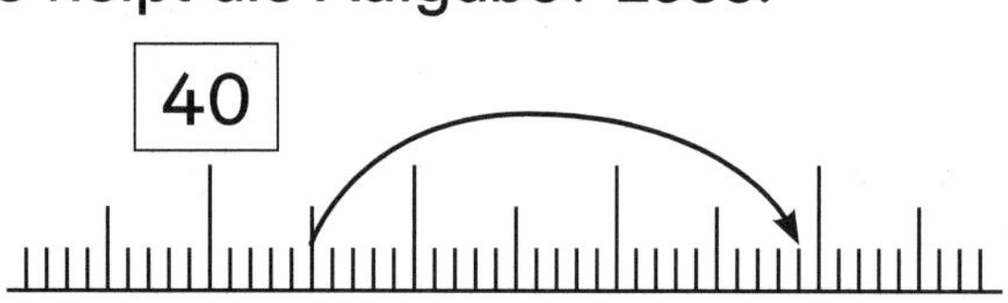

45 + 24 = 69

b)

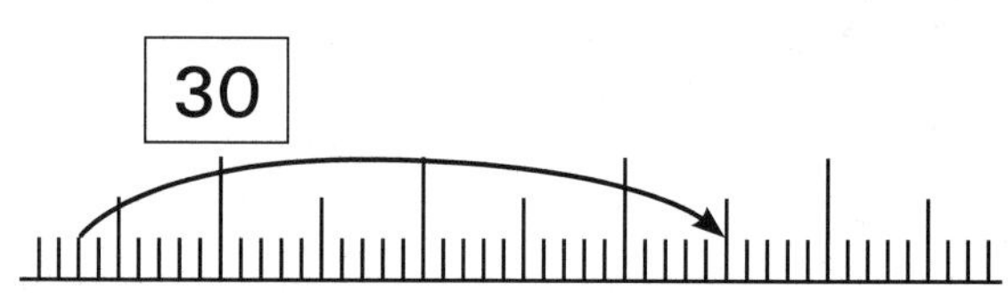

23 + 32 = 55

c)

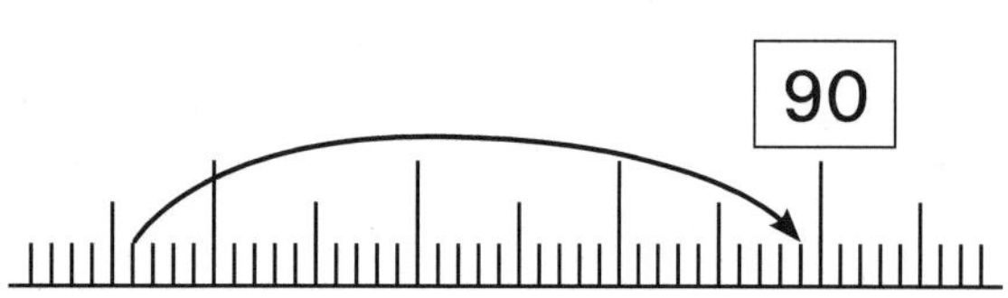

56 + 33 = 89

d)

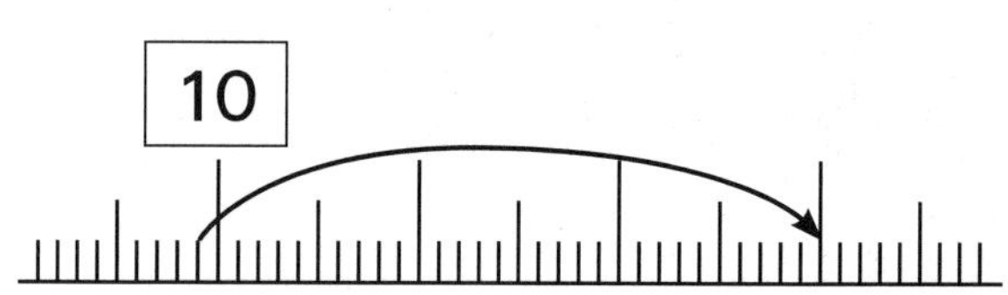

9 + 31 = 40

Zahloperationen: **Addition**

Zerlegungsaufgaben

2

Du kannst dir das Zusammenzählen von zwei Zahlen erleichtern, indem du zur einen Zahl erst die Einer und dann die Zehner dazuzählst.

Beispiel:

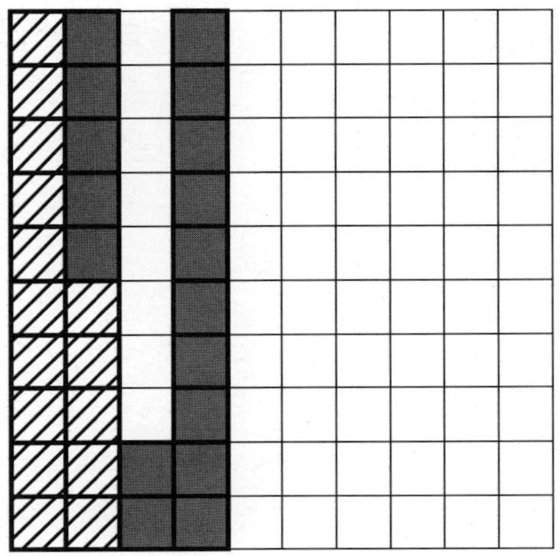

15 + 17 = 32

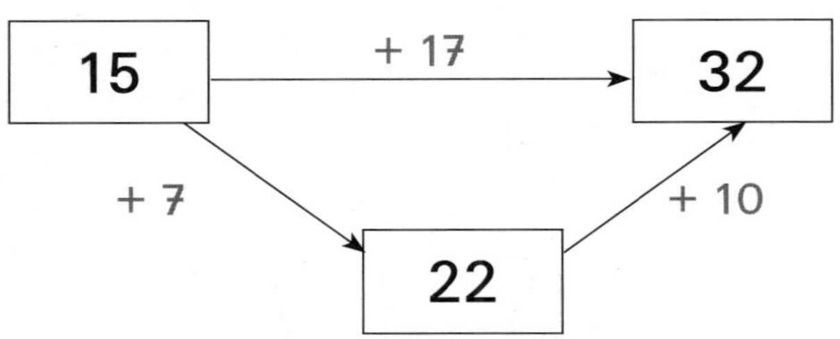

Aufgabe:

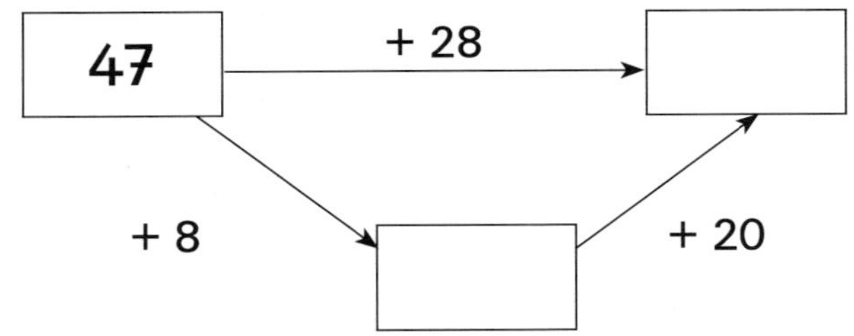

Lösung: 47 + 28 = 75; 47 + 8 = 55; 55 + 20 = 75

Zerlegungsaufgaben

1 Male die Aufgaben und rechne.

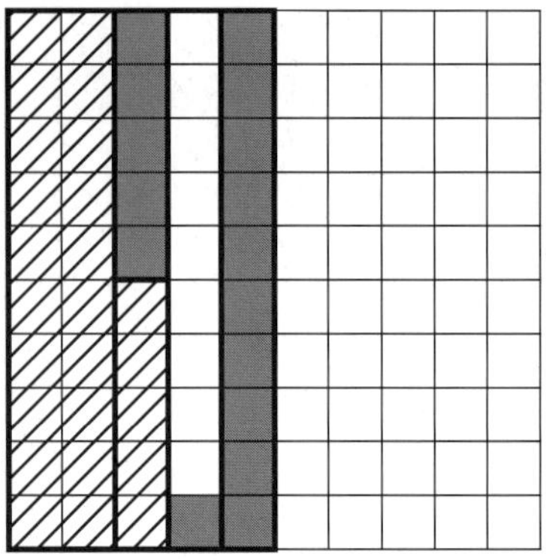

25 + 16 = 41

25 —(+ 16)→ 41
25 —(+ 6)→ 31 —(+ 10)→ 41

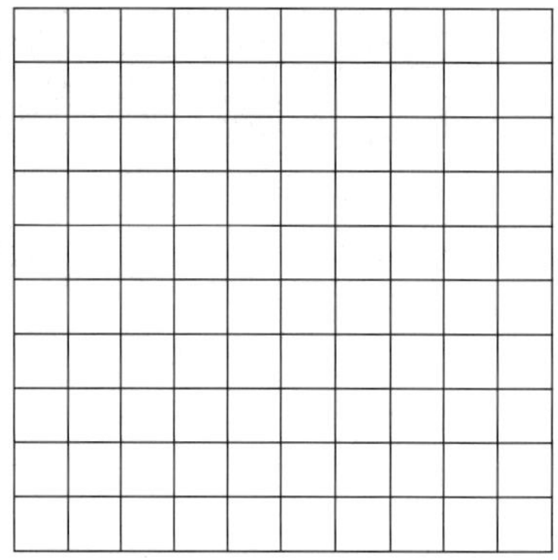

57 + 36 =

—(+)→
—(+ 6)→ —(+)→

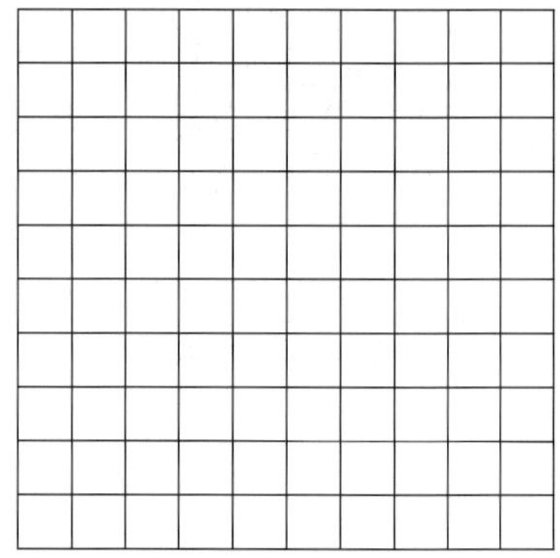

69 + 25 = 94

—(+)→
—(+)→ —(+)→

2 Rechne geschickt.

47 —(+ 28)→ ; 47 —(+ 8)→ —(+ 20)→

67 —(+ 27)→ ; 67 —(+)→ —(+)→

—(+ 19)→ ; —(+)→ —(+)→

48 —(+ 48)→ ; 48 —(+)→ —(+)→

53 —(+ 39)→ ; 53 —(+)→ —(+)→

17 —(+ 74)→ ; 17 —(+)→ —(+)→

55 —(+ 36)→ ; 55 —(+)→ —(+)→

37 —(+ 37)→ ; 37 —(+)→ —(+)→

22 —(+ 69)→ ; 22 —(+)→ —(+)→

3 Rechne im Kopf.

a) 17 + 25 =
b) 45 + 45 =
c) 63 + 28 =
d) 39 + 38 =
e) 73 + 19 =
f) 39 + 43 =

Zerlegungsaufgaben

Lösung **2**

❶ Male die Aufgaben und rechne.

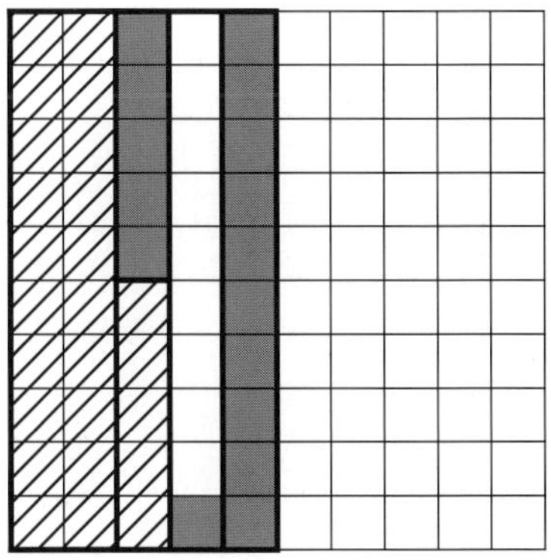

25 + 16 = 41

25 → + 16 → 41
25 + 6 → 31; 31 + 10 → 41

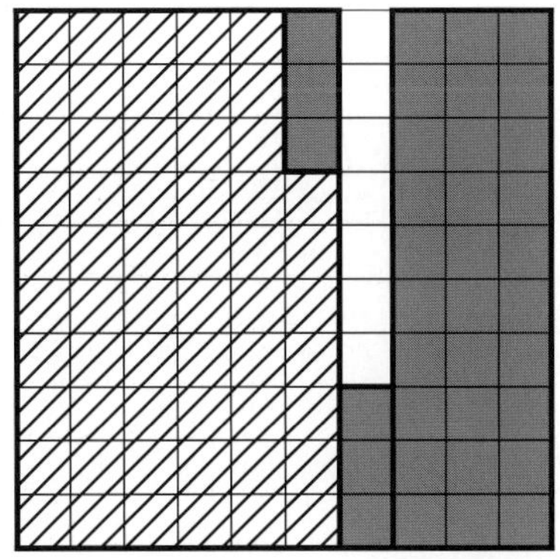

57 + 36 = 93

57 → + 36 → 93
57 + 6 → 63; 63 + 30 → 93

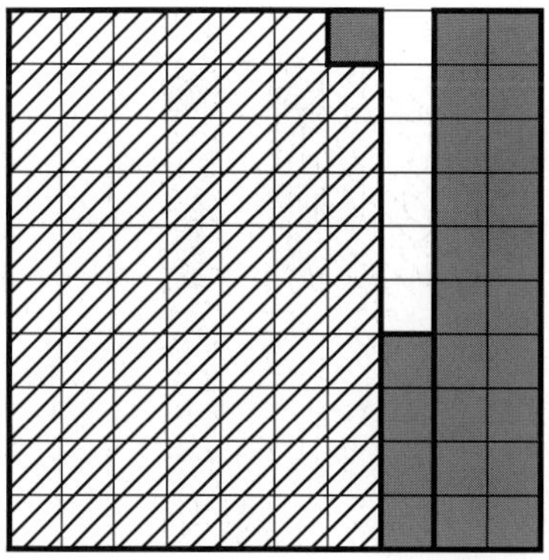

69 + 25 = 94

69 → + 25 → 94
69 + 5 → 74; 74 + 20 → 94

❷ Rechne geschickt.

47 → + 28 → 75
47 + 8 → 55; 55 + 20 → 75

67 → + 27 → 94
67 + 7 → 74; 74 + 20 → 94

75 → + 19 → 94
75 + 9 → 84; 84 + 10 → 94

48 → + 48 → 96
48 + 8 → 56; 56 + 40 → 96

53 → + 39 → 92
53 + 9 → 62; 62 + 30 → 92

17 → + 74 → 91
17 + 4 → 21; 21 + 70 → 91

55 → + 36 → 91
55 + 6 → 61; 61 + 30 → 91

37 → + 37 → 74
37 + 7 → 44; 44 + 30 → 74

22 → + 69 → 91
22 + 9 → 31; 31 + 60 → 91

❸ Rechne im Kopf.

a) 17 + 25 = 42
b) 45 + 45 = 90
c) 63 + 28 = 91
d) 39 + 38 = 77
e) 73 + 19 = 92
f) 39 + 43 = 82

Zahloperationen: Addition

Rechenpyramiden (mit Zehnerübergang)

3

Rechenpyramiden werden gelöst, indem man ...

... die Zahlen von zwei nebeneinanderliegenden Steinen zusammenzählt.
... das Ergebnis in den Stein darüber schreibt.

Beispiel: 28 + 9 = 37, also

37	
28	9

Aufgabe:
Setze die fehlenden Zahlen ein.

a)

11	12	17

b)

	49	
29		37

Lösung: a) 29, 29, 58; b) 12, 41, 90

Zahloperationen: Addition

Rechenpyramiden (mit Zehnerübergang)

3

1 Berechne.

a)

13	12	24

b)

23	19	22

c)

42	15	25

d)

	36	
26	35	

e)

51		
	20	23

f)

	51	
31		42

2 Setze die fehlenden Zahlen ein.

a)

98		
26	32	

b)

81		
	67	
	9	

c)

93		
60		
	32	

d)

7	9	11	6

e)

		16	
1	21	9	

3 Trage die Zahlen ein.

2 3 45

45 50 50

100			
	5		
43			42

Zahloperationen: Addition

Rechenpyramiden (mit Zehnerübergang) *Lösung* 3

1 Berechne.

a)

	61	
25	36	
13	12	24

b)

	83	
42	41	
23	19	22

c)

	97	
57	40	
42	15	25

d)

	97	
61	36	
26	35	1

e)

	94	
51	43	
31	20	23

f)

	91	
40	51	
31	9	42

2 Setze die fehlenden Zahlen ein.

a)

	98	
58	40	
26	32	8

b)

	81	
14	67	
5	9	58

c)

	93	
60	33	
28	32	1

d)

		73	
	36	37	
16	20	17	
7	9	11	6

e)

		98	
	52	46	
22	30	16	
1	21	9	7

3 Trage die Zahlen ein.

2	3	45
45	50	50

		100	
	50	50	
45	5	45	
43	2	3	42

Zahloperationen: Addition

Rechenhäuser (mit Zehnerübergang)

4

In einem Rechenhaus werden Plus-Aufgaben gerechnet.
Im Dach steht das Ergebnis der Aufgabe.

a) 17 + ☐ = 65

29 + ☐ = 65

☐ + 56 = 65

☐ + 38 = 65

65	
17	
29	
	56
	38

b) Finde 3 Zerlegungen der Zahl 100.

100	

Lösung: a) 48, 36, 9, 27; b) 25 + 75, 20 + 80, 68 + 32

Zahloperationen: Addition

Rechenhäuser (mit Zehnerübergang)

4

❶ Wie heißen die Ergebnisse? Schreibe sie in das Dach.

35	17

38	38

57	29

❷ Wie heißen die fehlenden Zahlen? Trage ein.

71	
	8
22	
65	
	45
	33

42	
9	
19	
	23
37	
17	

66	
	17
38	
	28
57	
49	

❸ Finde immer 5 Zerlegungen.

44	

81	

100	

❹ Finde 4 verschiedene Plus-Aufgaben mit dem Ergebnis 67. Beispiele:

______ + ______ = 67   ______ + ______ = 67

______ + ______ = 67   ______ + ______ = 67

Zahloperationen: Addition

Rechenhäuser (mit Zehnerübergang)

Lösung **4**

1 Wie heißen die Ergebnisse? Schreibe sie in das Dach.

52	
35	17

76	
38	38

86	
57	29

2 Wie heißen die fehlenden Zahlen? Trage ein.

71	
63	8
22	49
65	6
26	45
38	33

42	
9	33
19	23
19	23
37	5
17	25

66	
49	17
38	28
38	28
57	9
49	17

3 Finde immer 5 Zerlegungen.

44	
8	36
29	15
11	33
19	25
40	4

81	
49	32
19	62
53	28
72	9
67	14

100	
50	50
1	99
28	72
15	85
43	57

4 Finde 4 verschiedene Plus-Aufgaben mit dem Ergebnis 67. Beispiele:

31 + 36 = 67
12 + 55 = 67
44 + 23 = 67
37 + 30 = 67

Zahloperationen: Subtraktion

Zahlenstrahl (ohne Zehnerübergang)

5

Der Zahlenstrahl hilft dir beim Lösen von Minus-Aufgaben.
Diese kannst du am Zahlenstrahl einzeichnen und das Ergebnis dann ablesen.

Beispiel: 58 – 37 = 21

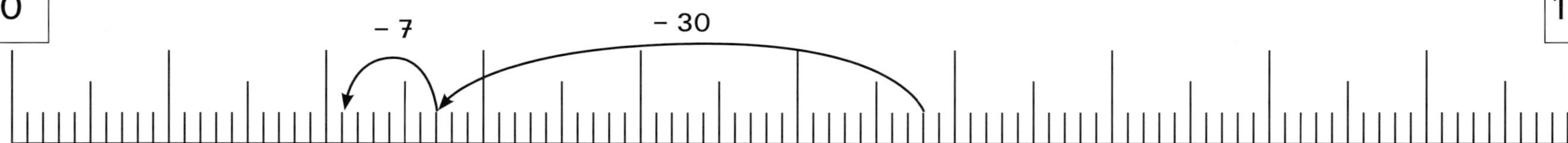

Aufgabe: ☐ – ☐ = ☐

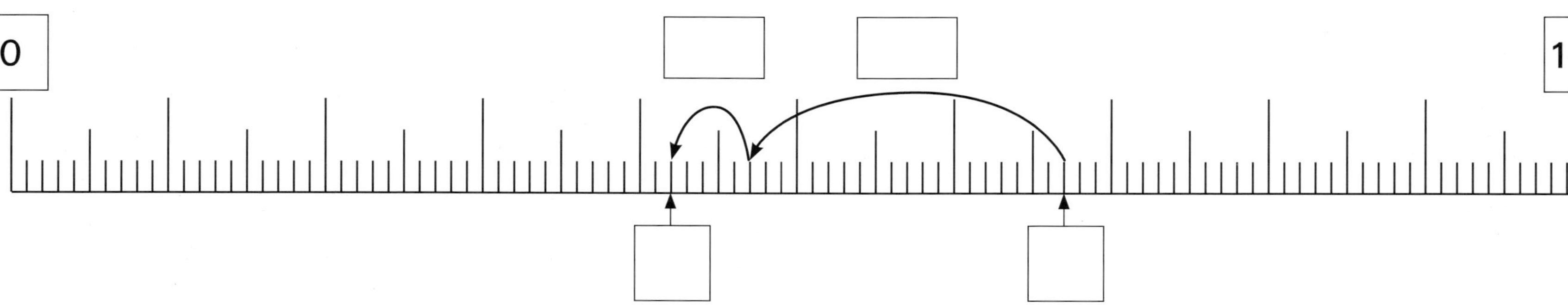

Lösung: 67 – 25 = 42; 67 – 20 – 5 = 42

Zahlenstrahl (ohne Zehnerübergang)

1 Zeichne die Aufgaben am Zahlenstrahl ein und berechne.

a) 73 – 41 = ______

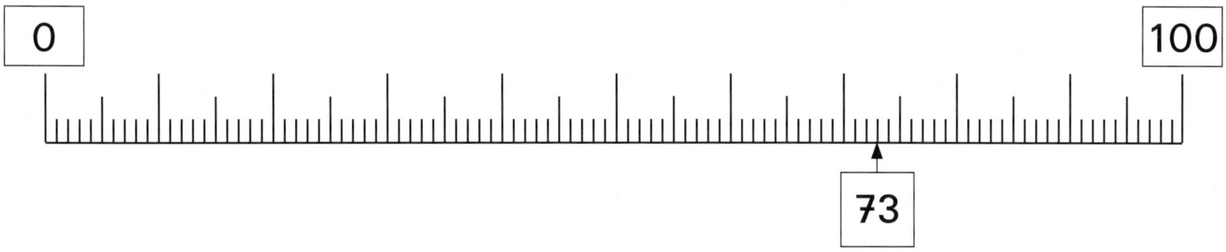

b) 98 – 72 = ______

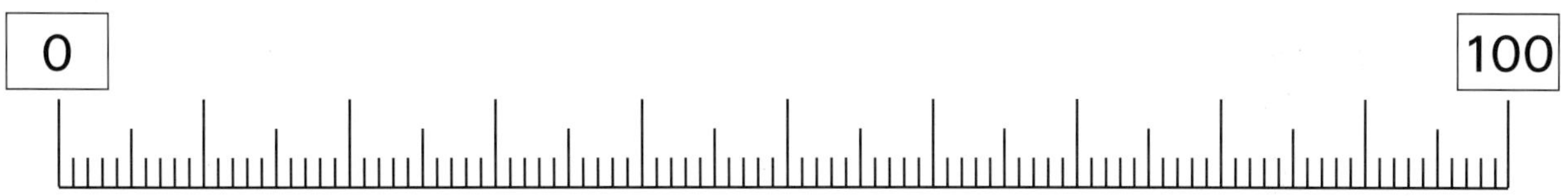

c) 65 – 21 = ______

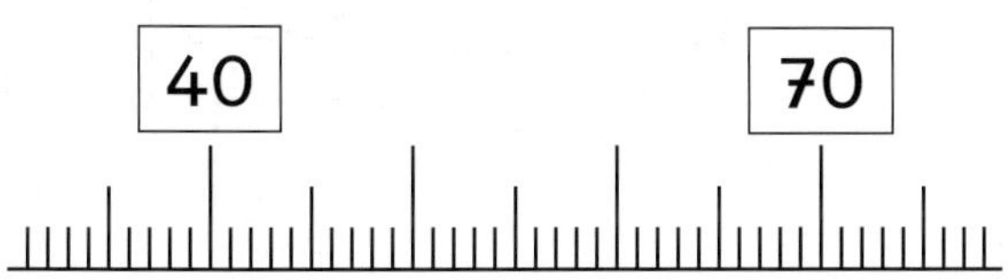

d) 54 – 31 = ______

2 Wie heißt die Aufgabe? Löse.

a)

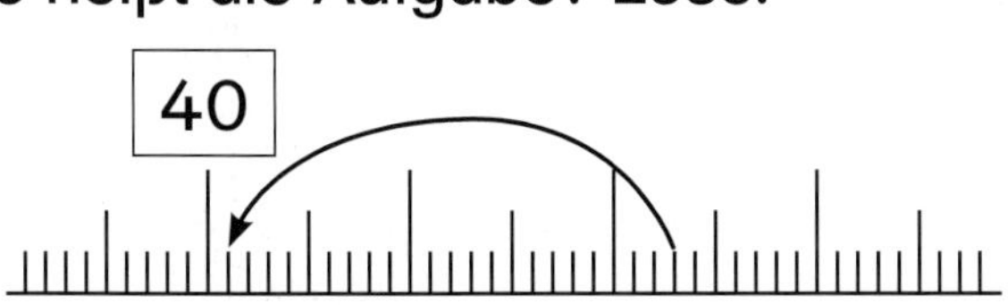

___ – ___ = ___

b)

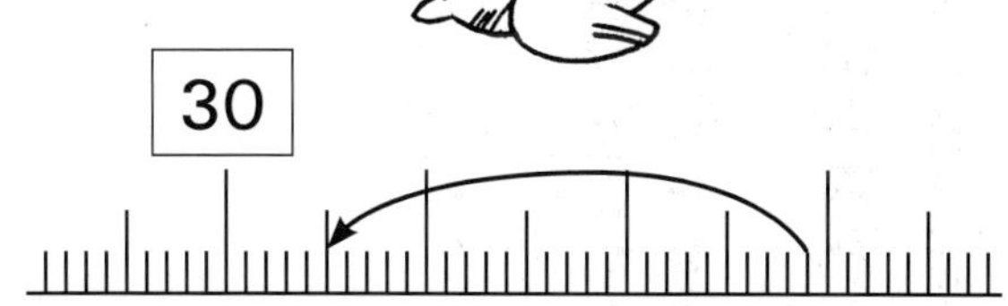

___ – ___ = ___

c)

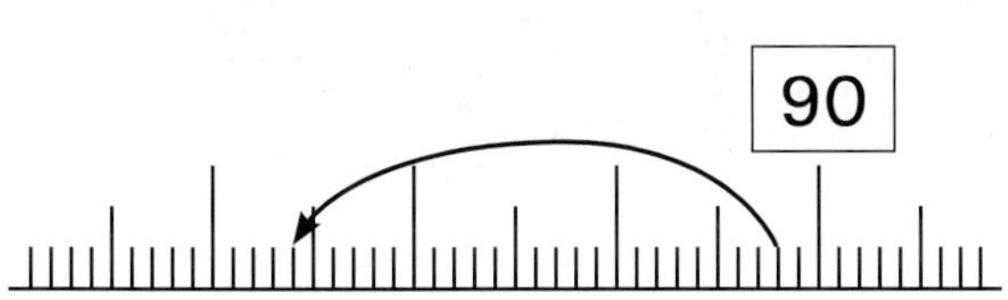

___ – ___ = ___

d)

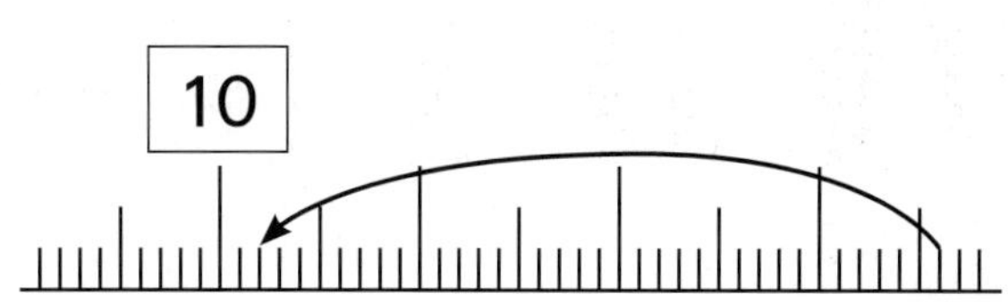

___ – ___ = ___

Zahlenstrahl (ohne Zehnerübergang)

Lösung **5**

1 Zeichne die Aufgaben am Zahlenstrahl ein und berechne.

a) 73 – 41 = 32

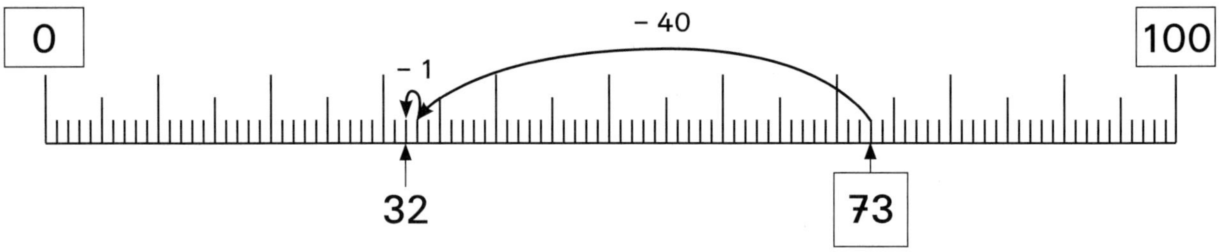

b) 98 – 72 = 26

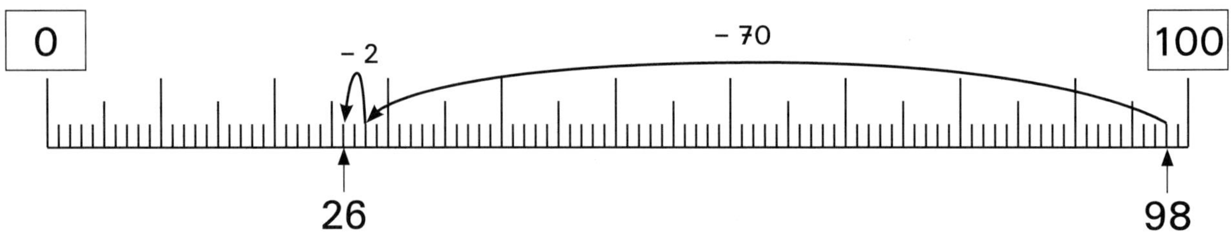

c) 65 – 21 = 44

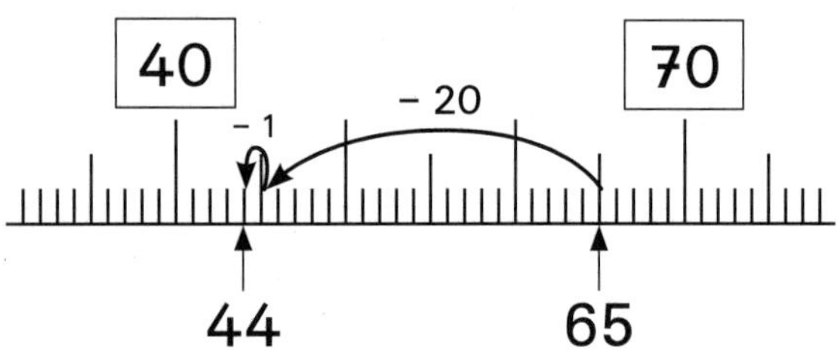

d) 54 – 31 = 23

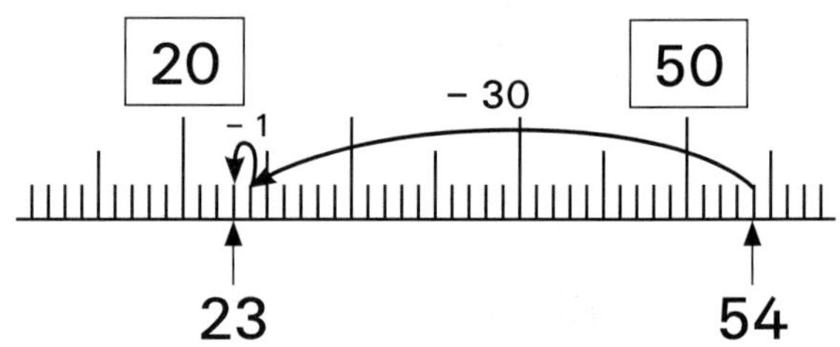

2 Wie heißt die Aufgabe? Löse.

a)

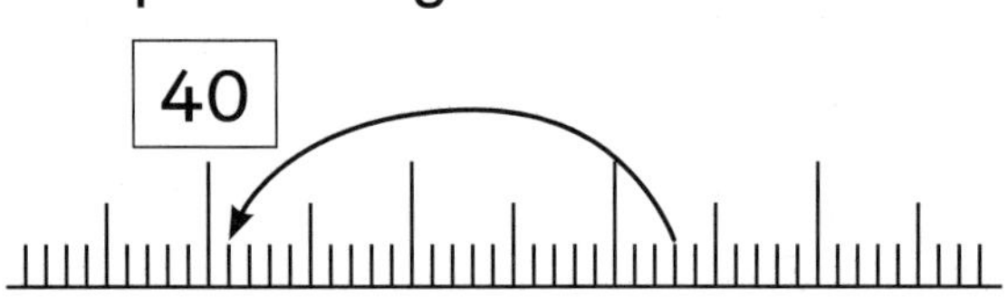

63 – 22 = 41

b)

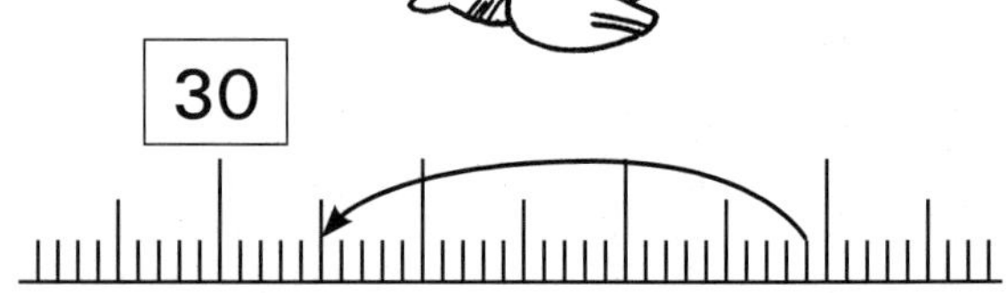

59 – 24 = 35

c)

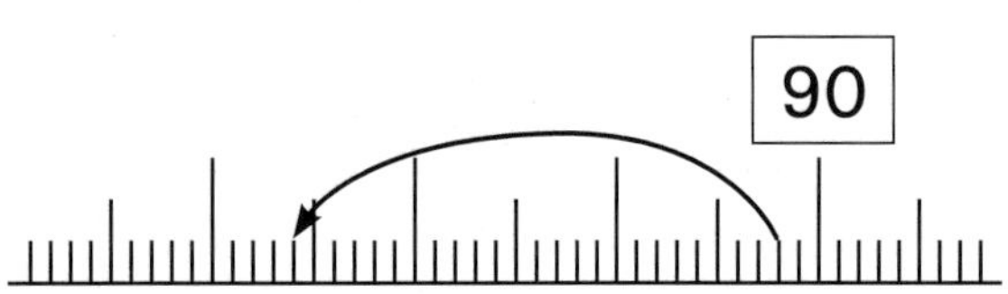

88 – 24 = 64

d)

46 – 34 = 12

Zahloperationen: Subtraktion

Zerlegungsaufgaben

6

Du kannst dir das Abziehen einer Zahl erleichtern, indem du von der Zahl erst die Zehner und dann die Einer abziehst.

Beispiel:

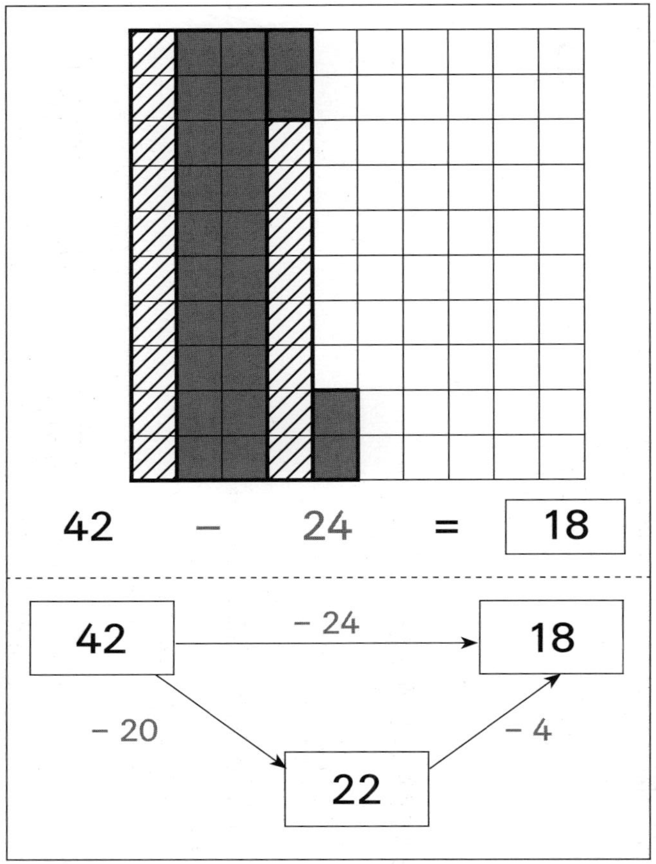

Aufgabe:

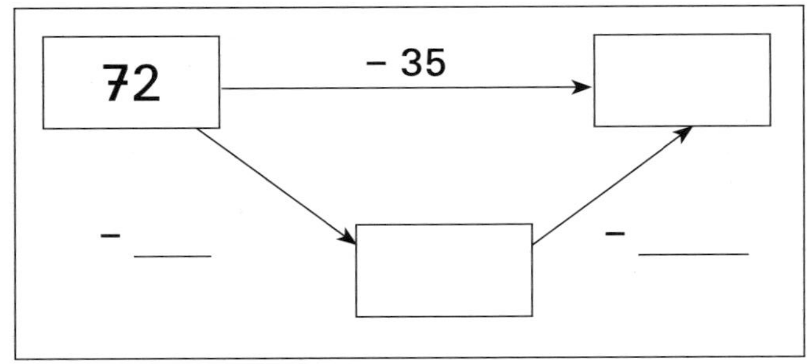

Lösung: 72 – 35 = 37; 72 – 30 = 42; 42 – 5 = 37

Zerlegungsaufgaben

1 Zerlege geschickt. Male die Aufgaben und rechne.

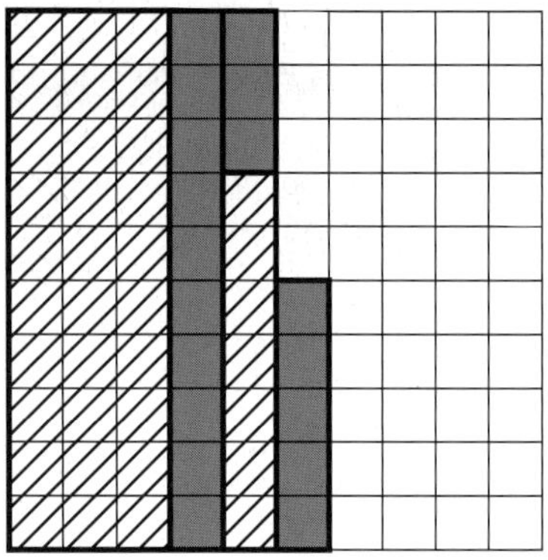

55 − 18 = 37

55 → − 18 → 37
55 − 10 → 45 − 8 → 37

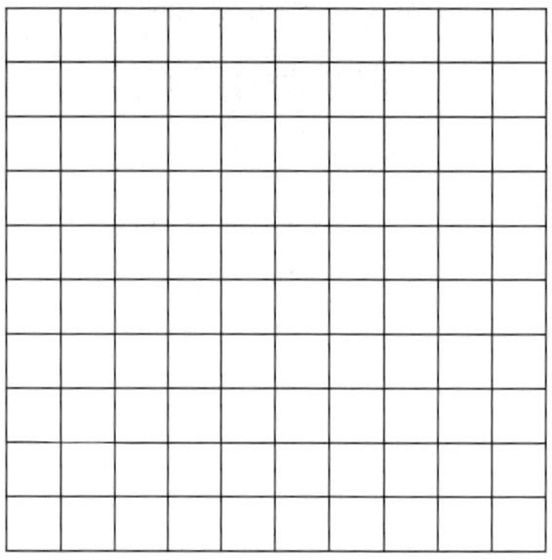

63 − 45 = ___

63 → − 45 → ___
63 − 40 → ___ − 5 → ___

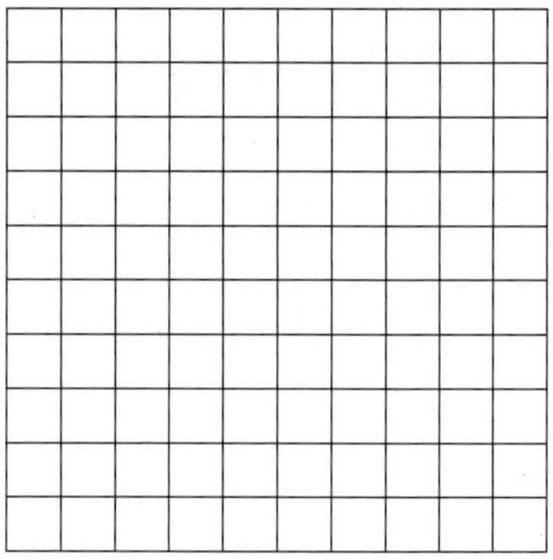

86 − 58 = ___

___ → − → ___
− ___ −

2 Rechne geschickt.

72 − 35 → ___ (− ___ −)	54 − 19 → ___ (− ___ −)	91 − 63 → ___ (− ___ −)
55 − 17 → ___ (− ___ −)	68 − 39 → ___ (− ___ −)	33 − 15 → ___ (− ___ −)
72 − 34 → ___ (− ___ −)	96 − 57 → ___ (− ___ −)	44 − 28 → ___ (− ___ −)

3 Rechne im Kopf.

a) 73 − 55 =
b) 66 − 47 =
c) 43 − 19 =
d) 87 − 49 =
e) 73 − 55 =
f) 56 − 27 =

Zerlegungsaufgaben

Lösung **6**

1 Zerlege geschickt. Male die Aufgaben und rechne.

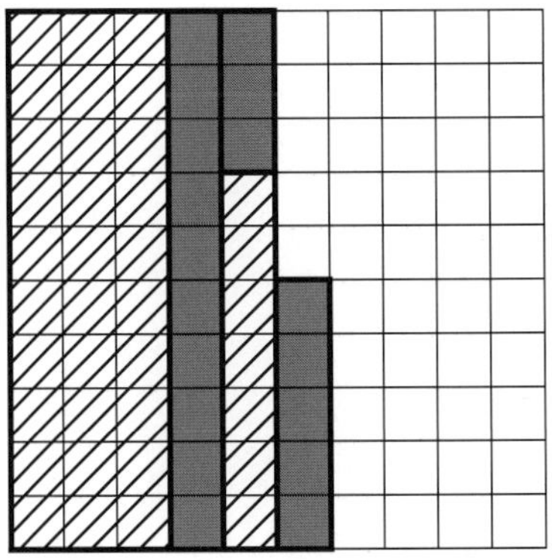

55 − 18 = 37

55 → − 18 → 37
55 → − 10 → 45 → − 8 → 37

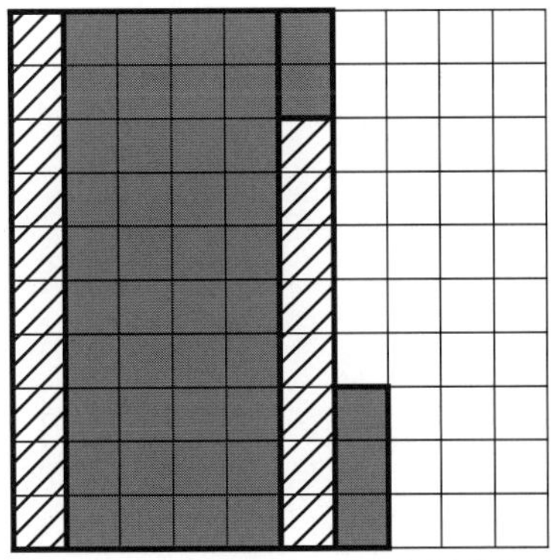

63 − 45 = 18

63 → − 45 → 18
63 → − 40 → 23 → − 5 → 18

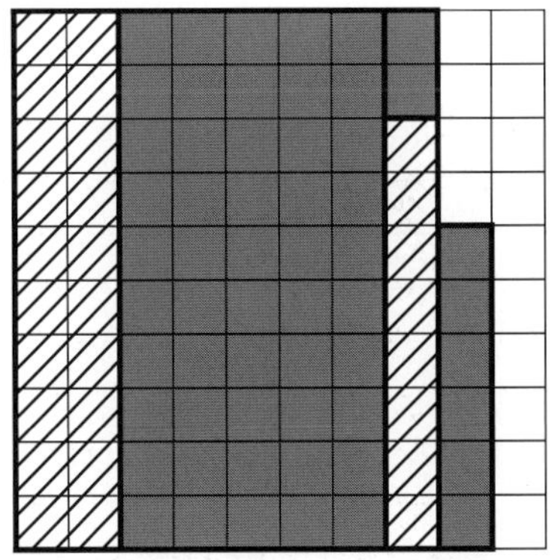

86 − 58 = 28

86 → − 58 → 28
86 → − 50 → 36 → − 8 → 28

2 Rechne geschickt.

72 → − 35 → 37
72 → − 30 → 42 → − 5 → 37

54 → − 19 → 35
54 → − 10 → 44 → − 9 → 35

91 → − 63 → 28
91 → − 60 → 31 → − 3 → 28

55 → − 17 → 38
55 → − 10 → 45 → − 7 → 38

68 → − 39 → 29
68 → − 30 → 38 → − 9 → 29

33 → − 15 → 18
33 → − 10 → 23 → − 5 → 18

72 → − 34 → 38
72 → − 30 → 42 → − 4 → 38

96 → − 57 → 39
96 → − 50 → 46 → − 7 → 39

44 → − 28 → 16
44 → − 20 → 24 → − 8 → 16

3 Rechne im Kopf.

a) 73 − 55 = 18
b) 66 − 47 = 19
c) 43 − 19 = 24
d) 87 − 49 = 38
e) 73 − 55 = 18
f) 56 − 27 = 29

Zahloperationen: Subtraktion

Rechenpyramiden (mit Zehnerübergang)

7

Rechenpyramiden werden gelöst, indem man ...

... die Zahl des rechten Steins von der Zahl des danebenliegenden linken Steins abzieht.
... das Ergebnis in den Stein darunter schreibt.

Beispiel: 37 – 19 = 18, also

37	19
18	

Aufgabe:
Setze die fehlenden Zahlen ein.

56	27	
	17	

Lösung: 10, 29, 12

Rechenpyramiden (mit Zehnerübergang)

1 Berechne.

71	27

100	46

74	48

72	
15	

46	
29	

91	
67	

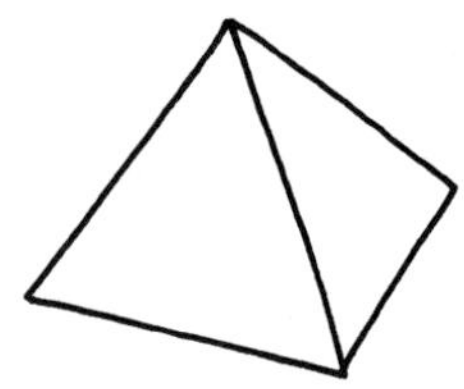

2 Setze die fehlenden Zahlen ein.

45	17	9

91	62	33

88		19
41		

	38	
	19	
25		

3 Trage die Zahlen ein.

18 19 19

37 37 74

Rechenpyramiden (mit Zehnerübergang)

Lösung **7**

❶ Berechne.

71	27
44	

100	46
54	

74	48
26	

72	57
15	

46	17
29	

91	24
67	

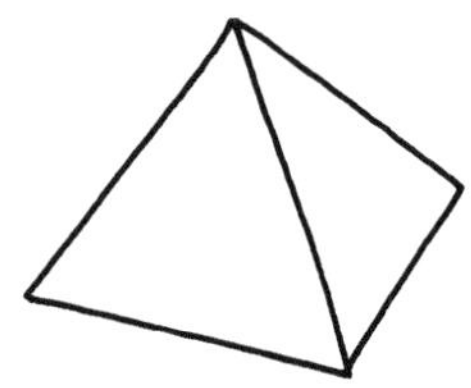

❷ Setze die fehlenden Zahlen ein.

45	17	9
28	8	
20		

91	62	33
29	29	
0		

88	47	19
41	28	
13		

82	38	19
44	19	
25		

❸ Trage die Zahlen ein.

18	19	19
37	37	74

74	37	19
37	18	
19		

Zahloperationen: Subtraktion

Rechentabellen (mit Zehnerübergang)

8

In einer Rechentabelle lassen sich Minus-Aufgaben berechnen.
Dazu zieht man von der Zahl in der linken Spalte die Zahl über dem Pfeil ab.

Beispiele:

38 – 19 = ☐

72 – 19 = ☐

☐ – 19 = 15

– 19 →

38	
72	
	15

Aufgabe:
Finde 3 verschiedene Minus-Aufgaben mit dem gleichen Ergebnis.

☐ – ☐ = 17   ☐ – ☐ = 17   ☐ – ☐ = 17

Lösung: 19, 53, 34; Beispiele: 27 – 10 = 17, 34 – 17 = 17, 81 – 64 = 17

Rechentabellen (mit Zehnerübergang)

❶ Wie heißen die Ergebnisse? Trage sie ein.

– 55 →

84	

– 17 →

43	

– 38 →

72	

❷ Wie heißen die fehlenden Zahlen? Trage ein.

– 29 →

31	
65	
78	
	34
	53

☐ →

54	
78	
61	37
	19
	44

☐ →

	28
	61
	16
91	75
84	

❸ Zwei Aufgaben gehören nicht in die Tabelle.
Streiche sie durch.

☐ →

98	65
54	23
51	18
56	18
82	49

❹ Finde 4 verschiedene Minus-Aufgaben mit dem gleichen Ergebnis.

a) ___ – ___ = 71 ___ – ___ = 71 ___ – ___ = 71 ___ – ___ = 71

b) ___ – ___ = 56 ___ – ___ = 56 ___ – ___ = 56 ___ – ___ = 56

c) ___ – ___ = 35 ___ – ___ = 35 ___ – ___ = 35 ___ – ___ = 35

Rechentabellen (mit Zehnerübergang)

Lösung **8**

1 Wie heißen die Ergebnisse? Trage sie ein.

– 55 →

84	29

– 17 →

43	26

– 38 →

72	34

2 Wie heißen die fehlenden Zahlen? Trage ein.

– 29 →

31	2
65	36
78	49
63	34
82	53

– 24 →

54	30
78	54
61	37
43	19
68	44

– 16 →

44	28
77	61
32	16
91	75
84	68

3 Zwei Aufgaben gehören nicht in die Tabelle.
Streiche sie durch.

– 33 →

98	65
~~54~~	~~23~~
51	18
~~56~~	~~18~~
82	49

4 Finde 4 verschiedene Minus-Aufgaben mit dem gleichen Ergebnis.

a) 90 – 19 = 71 98 – 27 = 71 76 – 5 = 71 89 – 18 = 71

b) 81 – 25 = 56 67 – 11 = 56 99 – 43 = 56 73 – 17 = 56

c) 49 – 14 = 35 57 – 22 = 35 88 – 53 = 35 65 – 30 = 35

Zahloperationen: Einmaleins

Kreuzworträtsel

9

Beispiel:

$7 + 7 + 7 + 7 =$ [4] $\cdot$ [7] $=$ [28] = achtundzwanzig

Aufgabe:

Schreibe als Plus- und als Mal-Aufgabe. Löse sie.

________________ = [   ] · [   ] = [   ] = ________________

________________ = [   ] · [   ] = [   ] = ________________

Lösung: $6 + 6 + 6 = 3 \cdot 6 = 18$ = achtzehn
$5 + 5 + 5 + 5 = 4 \cdot 5 = 20$ = zwanzig

M. Bettner/E. Dinges: Abwechslungsreich Mathe üben! 2. Klasse

Zahloperationen: Einmaleins | **9**

Kreuzworträtsel

❶ Löse die entsprechenden 1×1-Aufgaben.
Schreibe die Ergebnisse als Wort.

Achtung: ö = OE, ü = UE, ß = SS

Waagerecht:

2	9 · 8
3	5 · 5
5	7 · 8
7	0 · 4
8	3 · 3
9	2 · 2
11	10 · 10
12	9 · 9
14	7 · 7

Senkrecht:

1	6 · 6
2	8 · 4
4	8 · 8
6	7 · 5
10	4 · 4
13	2 · 6

Kreuzworträtsel

Lösung **9**

❶ Löse die entsprechenden 1×1-Aufgaben.
Schreibe die Ergebnisse als Wort.

Achtung: ö = OE, ü = UE, ß = SS

Waagerecht:

2 9 · 8
3 5 · 5
5 ~~7~~ · 8
~~7~~ 0 · 4
8 3 · 3
9 2 · 2
11 10 · 10
12 9 · 9
14 ~~7~~ · ~~7~~

Senkrecht:

1 6 · 6
2 8 · 4
4 8 · 8
6 ~~7~~ · 5
10 4 · 4
13 2 · 6

[1] S					[2] Z	W	E	I	U	N	D	S	I	E	B	Z	I	G	
E					W														
C			[3] F	U	E	N	F	U	N	D	Z	W	A	N	Z	I	G		[4] V
H					I														I
[5] S	E	C	H	S	U	N	D	[6] F	U	E	N	F	Z	I	G			E
U					N			U											R
[7] N	U	L	L		D			E											U
D					D			[8] N	E	U	N								N
D					R			F											D
R			[9] V	I	E	R		U											S
E					I			N											E
I					S			D											C
S					S			D							[10] S				H
S					I			R		[11] H	U	N	D	E	R	T			Z
I					G			E							C				I
G							[12] E	I	N	U	N	D	A	C	H	T	[13] Z	I	G
								S							Z		W		
								S							E		O		
[14] N	E	U	N	U	N	D	V	I	E	R	Z	I	G		H		E		
								G							N		L		
																	F		

Zahloperationen: Einmaleins

Bilderrätsel

Beispiel:
2er-Reihe

$2 = 1 \cdot 2 = 2$

$2 + 2 = 2 \cdot 2 = 4$

$2 + 2 + 2 = 3 \cdot 2 = 6$

$2 + 2 + 2 + 2 = 4 \cdot 2 = 8$

$2 + 2 + 2 + 2 + 2 = 5 \cdot 2 = 10$

$2 + 2 + 2 + 2 + 2 + 2 = 6 \cdot 2 = 12$

$2 + 2 + 2 + 2 + 2 + 2 + 2 = 7 \cdot 2 = 14$

$2 + 2 + 2 + 2 + 2 + 2 + 2 + 2 = 8 \cdot 2 = 16$

$2 + 2 + 2 + 2 + 2 + 2 + 2 + 2 + 2 = 9 \cdot 2 = 18$

$2 + 2 + 2 + 2 + 2 + 2 + 2 + 2 + 2 + 2 = 10 \cdot 2 = 20$

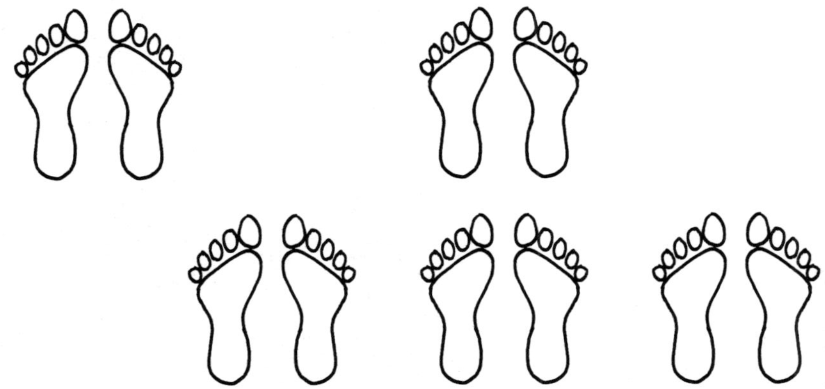

Aufgabe:
Schreibe die 3er- und die 7er-Reihe.

Zahloperationen: Einmaleins

Bilderrätsel

10

❶ Zu welcher 1×1-Reihe gehören die Zahlen im Rätsel?
Lege das entsprechende Kärtchen auf die Zahl.

z	steht für **2er-Reihe**
d	steht für **3er-Reihe**
s	steht für **7er-Reihe**

neun z (5) d (8) s (4)	20 z (7) d (12) s (3)	sieben z (8) d (11) s (1)
acht z (6) d (12) s (4)	siebenundzwanzig z (3) d (11) s (9)	sechzehn z (5) d (3) s (12)
fünfzehn z (1) d (13) s (3)	neunundvierzig z (2) d (4) s (10)	63 z (3) d (14) s (15)
15 z (3) d (14) s (7)	zehn z (9) d (10) s (11)	neunundvierzig z (9) d (4) s (3)
14 z (4) d (9) s (2)	fünfunddreißig z (3) d (1) s (2)	27 z (5) d (12) s (8)

Zahloperationen: Einmaleins

Bilderrätsel

Lösung **10**

Die Bildvorlage bitte in entsprechender Anzahl kopieren und ausschneiden.

Zahloperationen: Einmaleins

Zielscheiben

11

In den Zielscheiben befinden sich Mal-Aufgaben.

In der Mitte steht immer die Zahl, mit der malgenommen wird.
Das Ergebnis steht im äußeren Ring der Zielscheibe.

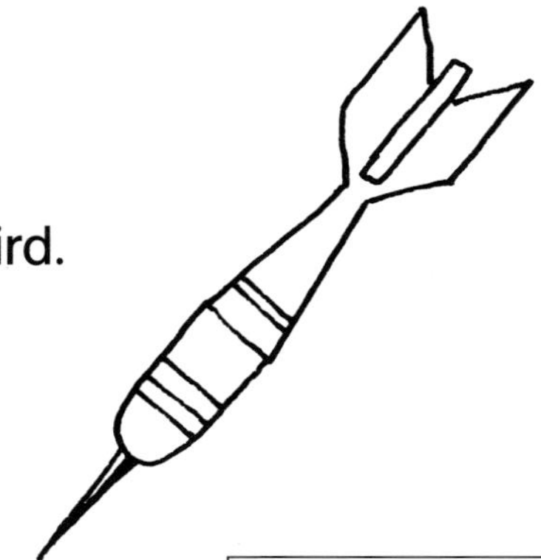

Beispiele:

3 · 3 = [9]

3 · [9] = 27

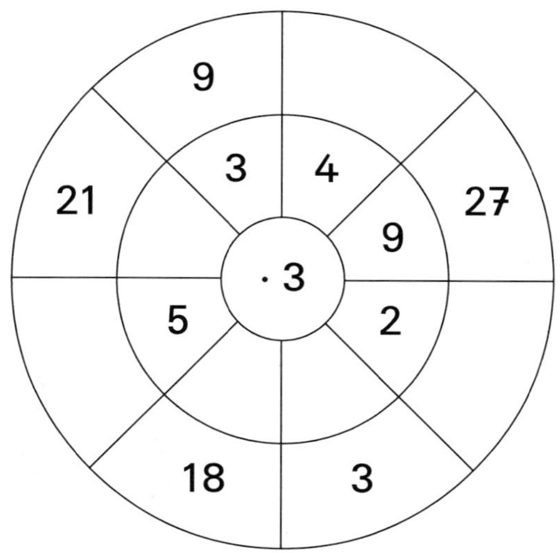

Aufgaben:

3 · 4 = [ ]

3 · 2 = [ ]

3 · [ ] = 3

3 · [ ] = 18

3 · 5 = [ ]

3 · [ ] = 21

Lösung: 3 · 4 = 12, 3 · 2 = 6; 3 · 1 = 3; 3 · 6 = 18; 3 · 5 = 15; 3 · 7 = 21

Zahloperationen: Einmaleins

Zielscheiben

11

❶ Schreibe die fehlenden Zahlen in die Zielscheiben.

a)

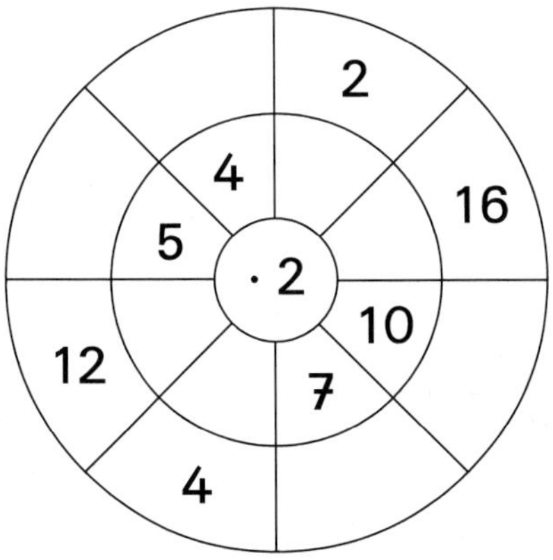

b)

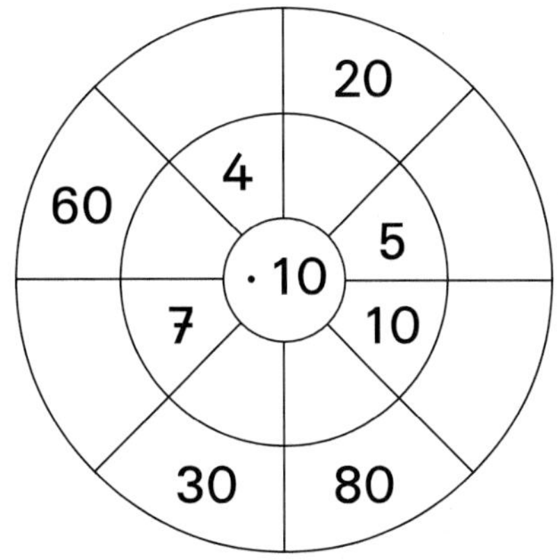

c)

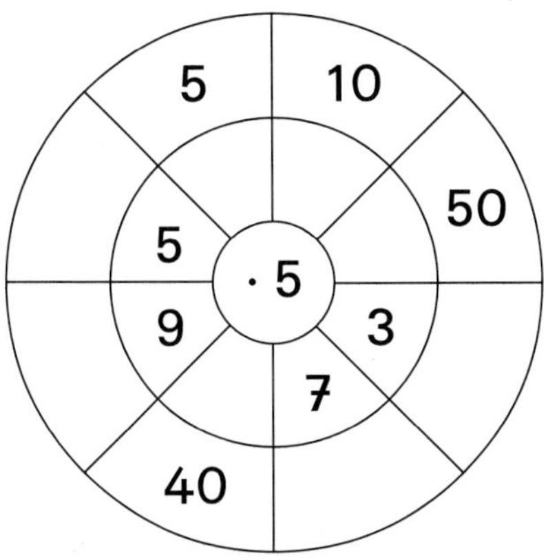

d)

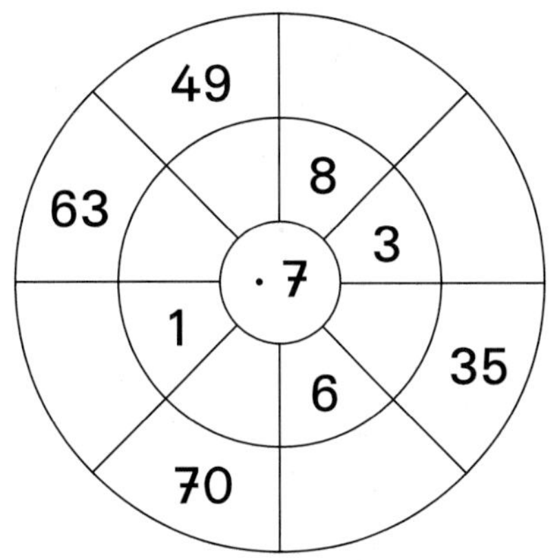

e)

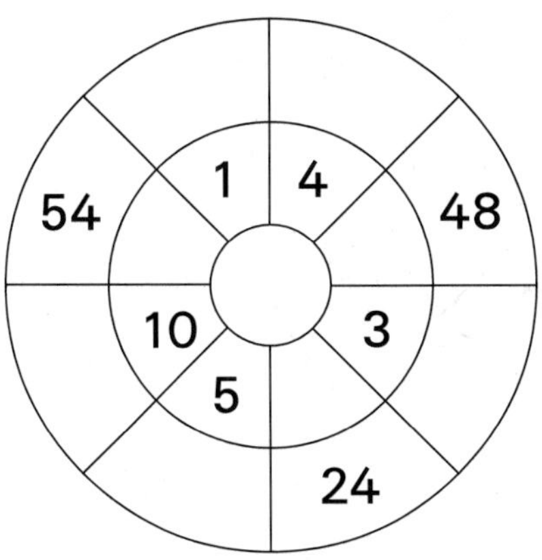

f)

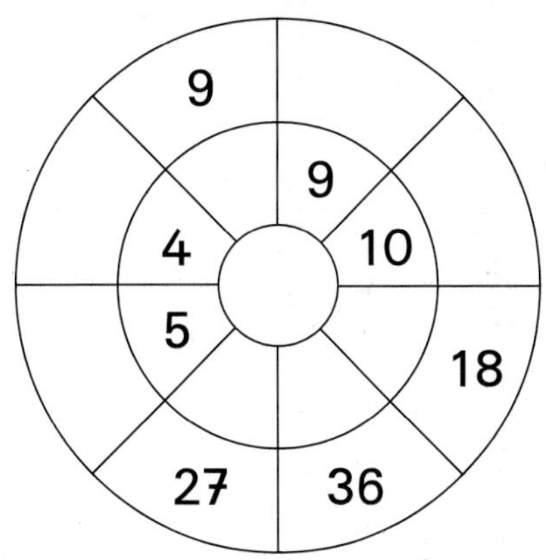

❷ Finde die Fehler. Male die Felder an.

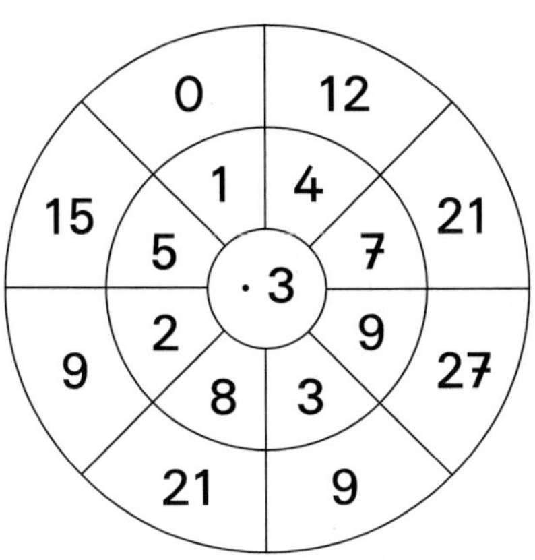

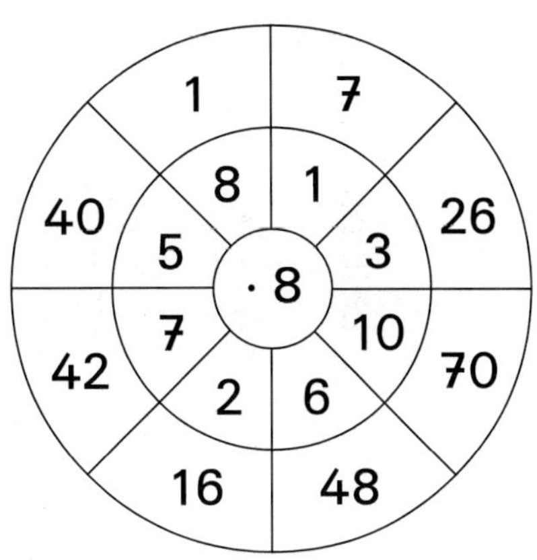

Zielscheiben

1 Schreibe die fehlenden Zahlen in die Zielscheiben.

a)

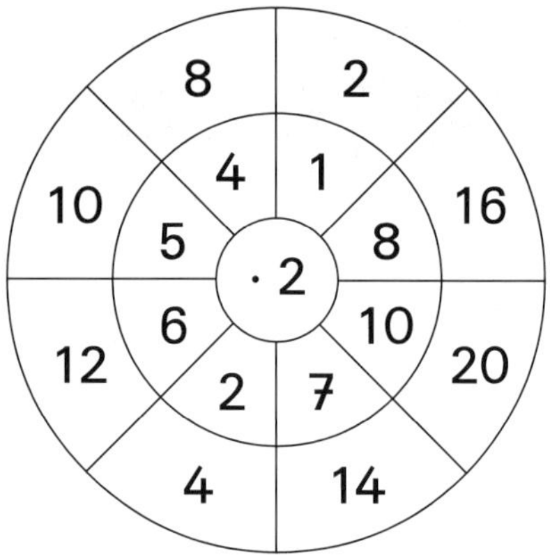

b)

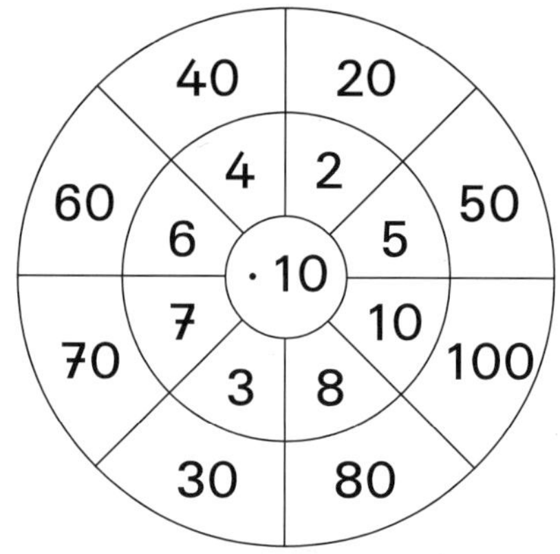

c)

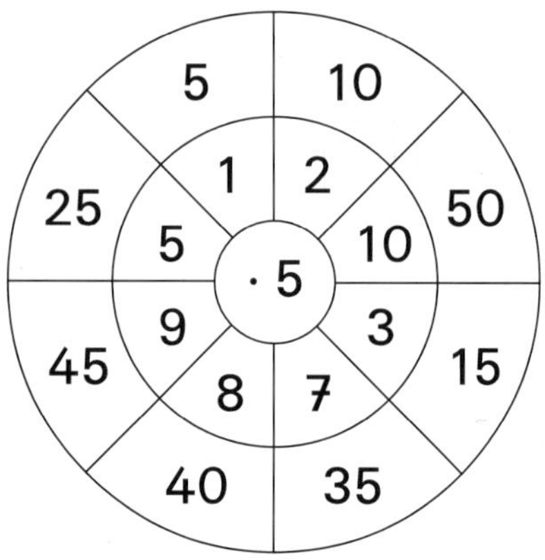

d)

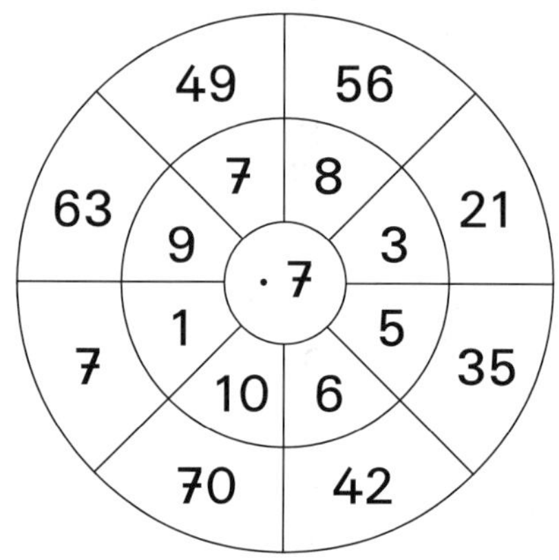

e)

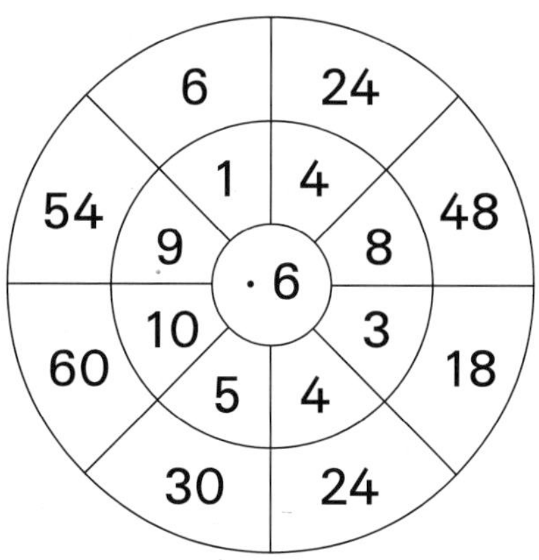

f)

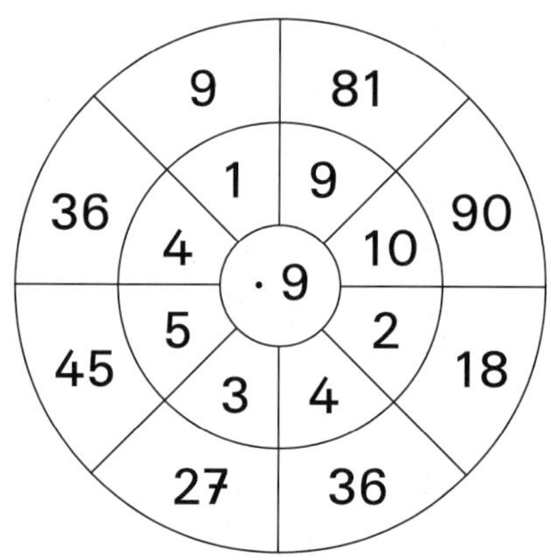

2 Finde die Fehler. Male die Felder an.

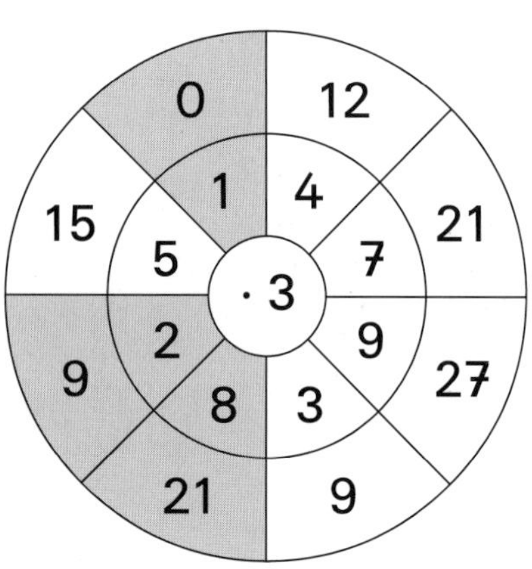

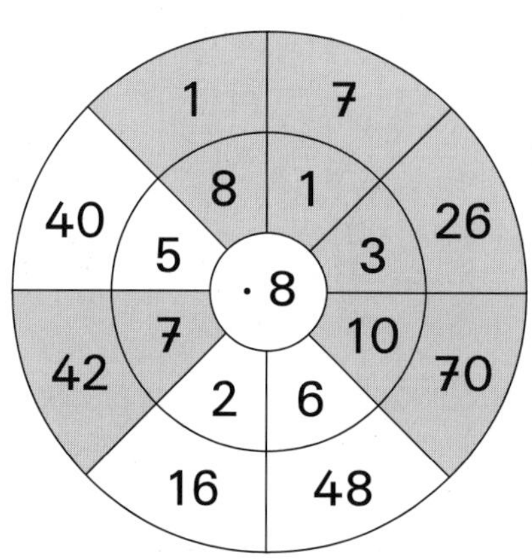

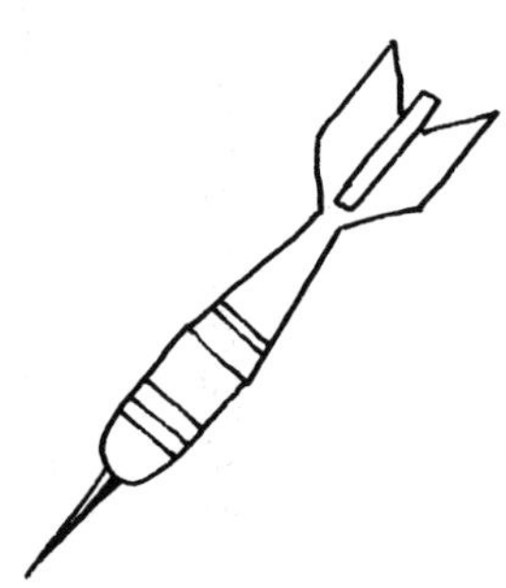

Kettenaufgaben

Kettenaufgaben werden wie normale Plus- oder Minus-Aufgaben gerechnet.

Dazu rechnet man zuerst die ersten beiden Zahlen zusammen, nimmt dann die nächste Zahl hinzu und so weiter.

Beispiel:

14 + 22 + 15 + 21 = ☐

Rechnung:
14 + 22 = 36
36 + 15 = 51
51 + 21 = 72

also:
14 + 22 + 15 + 21 = 72

Aufgabe:

60 – 31 – 5 + 17 = ☐

Rechnung:
60 – 31 = ☐
☐ – ☐ = ☐
☐ + ☐ = ☐

also:
60 – 31 – ☐ + ☐ = ☐

Lösung: 60 – 31 = 29, 29 – 5 = 24, 24 + 17 = 41; also: 60 – 31 – 5 + 17 = 41

Zahloperationen: Gemischte Übungen

Kettenaufgaben

12

1 Berechne mit Zwischenschritten.

Beispiel: 13 + 17 + 18 = [48]

13 + 17 = 30 30 + 18 = 48 also: 13 + 17 + 18 = 48

a) 23 + 32 + 19 = [ ]

________ ________ ________

b) 30 + 36 + 29 = [ ]

________ ________ ________

c) 19 + 17 + 19 + 16 = [ ]

________ ________ ________ ________

d) 92 − 17 − 34 = [ ]

________ ________ ________

e) 64 − 9 − 16 − 25 − 8 = [ ]

________ ________ ________

________ ________

f) 45 + 46 − 28 + 19 = [ ]

________ ________ ________ ________

2 Rechne im Kopf.

a) 12 + 12 + 12 = ______ b) 50 − 4 − 4 − 4 − 4 = ______

c) 34 − 7 + 9 − 7 + 9 = ______ d) 83 + 7 − 25 + 7 = ______

e) 56 − 6 + 17 − 20 = ______ f) 33 + 33 − 33 + 33 = ______

3 Rechne aus.

56	+ 15 →		− 26 →		+ 36 →	
82	→	56	− 29 →		→	100
28	+ 57 →		− 48 →		→	

4 Wie geht es weiter?

a) 30 + 20 + 20 = 30 + 30 + ___ = ___ + ___ + ___

b) 61 + 18 + 0 = 62 + 17 + ___ = ___ + ___ + ___ = ___ + ___ + ___

Zahloperationen: Gemischte Übungen

Kettenaufgaben

Lösung **12**

1 Berechne mit Zwischenschritten.

Beispiel: 13 + 17 + 18 = 48

13 + 17 = 30 30 + 18 = 48 also: 13 + 17 + 18 = 48

a) 23 + 32 + 19 = 74

23 + 32 = 55 55 + 19 = 74 23 + 32 + 19 = 74

b) 30 + 36 + 29 = 95

30 + 36 = 66 66 + 29 = 95 30 + 36 + 29 = 95

c) 19 + 17 + 19 + 16 = 71

19 + 17 = 36 36 + 19 = 55 55 + 16 = 71 19 + 17 + 19 + 16 = 71

d) 92 − 17 − 34 = 41

92 − 17 = 75 75 − 34 = 41 92 − 17 − 34 = 41

e) 64 − 9 − 16 − 25 − 8 = 26

64 − 9 = 75 75 − 16 = 59 59 − 25 = 34 34 − 8 = 26

64 − 9 − 16 − 25 − 8 = 26

f) 45 + 46 − 28 + 19 = 82

45 + 46 = 91 91 − 28 = 63 63 + 19 = 82 45 + 46 − 28 + 19 = 82

2 Rechne im Kopf.

a) 12 + 12 + 12 = 36
b) 50 − 4 − 4 − 4 − 4 = 34
c) 34 − 7 + 9 − 7 + 9 = 38
d) 83 + 7 − 25 + 7 = 72
e) 56 − 6 + 17 − 20 = 47
f) 33 + 33 − 33 + 33 = 66

3 Rechne aus.

56 —(+ 15)→ 71 —(− 26)→ 45 —(+ 36)→ 81

82 —(− 26)→ 56 —(− 29)→ 27 —(+ 73)→ 100

28 —(+ 57)→ 85 —(− 48)→ 37 —(+ 53)→ 90

4 Wie geht es weiter?

a) 30 + 20 + 20 = 30 + 30 + 10 = 30 + 40 + 0

b) 61 + 18 + 0 = 62 + 17 + 0 = 63 + 16 + 0 = 64 + 15 + 0

Zahloperationen: Gemischte Übungen

Zahlenreihen

13

Zahlenreihen werden immer nach bestimmten Rechenbefehlen und gleichbleibenden Mustern gebildet.

Finde erst den Rechenbefehl.
Ergänze dann die fehlenden Zahlen.

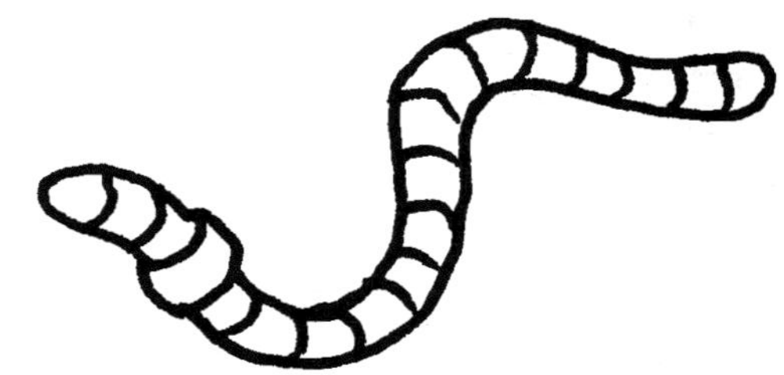

Beispiel:

69 → −7 → 62 → −7 → 55 → −7 → 48 → −7 → 41 → −7 → 34

Aufgabe:

15 — 18 — 21 — ◯ — ◯

Lösung: Rechenbefehl: + 3; 24, 27

Zahloperationen: Gemischte Übungen

Zahlenreihen

13

❶ Ergänze die fehlenden Zahlen und die Rechenbefehle.

a) 36 —+ 8→ 44 —+ 8→ __ —+ 8→ __ —+ 8→ __ —+ 8→ __

b) 17 → 30 → 43 → __ → __ → __

c) 46 → 37 → 55 → 46 → 64 → __

❷ Ergänze die fehlenden Zahlen.

a) 30 – 33 – __ – 39 – __

b) __ – 15 – __ – __ – 30

c) 2 – __ – 8 – __ – 32

d) 17 – 28 – 39 – __ – 61 – __ – __ – __

e) 82 – 66 – 79 – 63 – 76 – __ – __ – __

Zahlenreihen

Lösung **13**

❶ Ergänze die fehlenden Zahlen und die Rechenbefehle.

a) 36 —(+ 8)→ 44 —(+ 8)→ 52 —(+ 8)→ 60 —(+ 8)→ 68 —(+ 8)→ 76

b) 17 —(+ 13)→ 30 —(+ 13)→ 43 —(+ 13)→ 56 —(+ 13)→ 69 —(+ 13)→ 82

c) 46 —(– 9)→ 37 —(+ 18)→ 55 —(– 9)→ 46 —(+ 18)→ 64 —(– 9)→ 55

❷ Ergänze die fehlenden Zahlen.

a) 30 – 33 – 36 – 39 – 42

b) 10 – 15 – 20 – 25 – 30

c) 2 – 4 – 8 – 16 – 32

d) 17 – 28 – 39 – 50 – 61 – 72 – 83 – 94

e) 82 – 66 – 79 – 63 – 76 – 60 – 73 – 57

Zahloperationen: Gemischte Übungen

Rechendreiecke

Beim Rechendreieck musst du immer die beiden benachbarten Zahlen im Dreieck zusammenzählen. So bekommst du die Zahl, die du in das Kästchen außen schreiben musst.

a) Beispiel: 21 + 12 = ☐

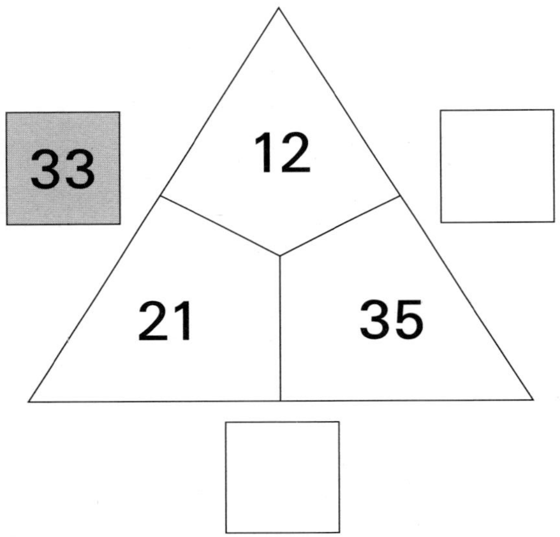

b) Beispiel: 27 + ☐ = 58

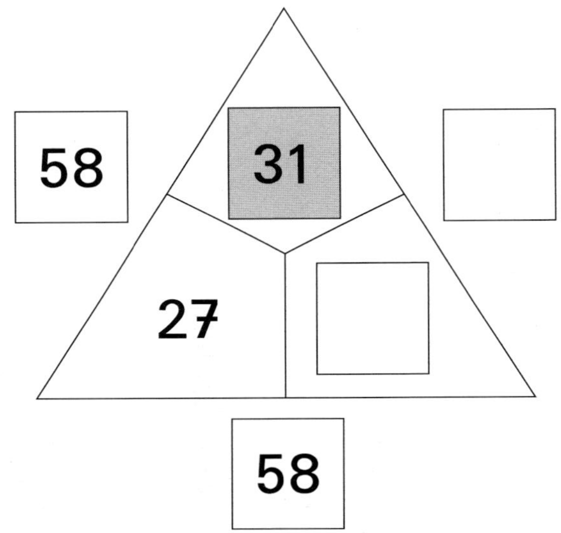

Lösung: a) 47, 56; b) 31, 62

Rechendreiecke

1 Berechne.

a)
□ 14 □
28 | 45
□

b)
□ 43 □
42 | 32
□

c)
□ 30 □
27 | 62
□

d)
□ 17 □
18 | 9
□

e)
□ 43 □
38 | 19
□

f)
□ 26 □
31 | 67
□

2 Wie heißen die fehlenden Zahlen?

a)
□ 23 □
□ | 35
62

b)
52 □ □
37 | 47
□

c)
□ □ 87
21 | 49
□

d)
62 □ 82
□ | 55
□

e)
50 □ 60
□ | □
50

f)
40 □ 40
□ | □
50

Rechendreiecke

Lösung **14**

1 Berechne.

	Innen oben	Innen links	Innen rechts	Außen links	Außen rechts	Außen unten
a)	14	28	45	42	59	73
b)	43	42	32	85	75	74
c)	30	27	62	57	92	89
d)	17	18	9	35	26	27
e)	43	38	19	81	62	57
f)	26	31	67	57	93	98

2 Wie heißen die fehlenden Zahlen?

	Innen oben	Innen links	Innen rechts	Außen links	Außen rechts	Außen unten
a)	23	27	35	50	58	62
b)	15	37	47	52	62	84
c)	38	21	49	59	87	70
d)	27	35	55	62	82	90
e)	30	20	30	50	60	50
f)	15	25	25	40	40	50

Zahloperationen: Gemischte Übungen

Codes

15

Zahlen können auch verschlüsselt dargestellt werden.
Jedes Zeichen steht dabei für eine Ziffer.

Um herauszufinden, welche Ziffer sich hinter einem Zeichen verbirgt, musst du versuchen, die Gleichungen zu lösen.

Aufgabe:
Knacke den Code.

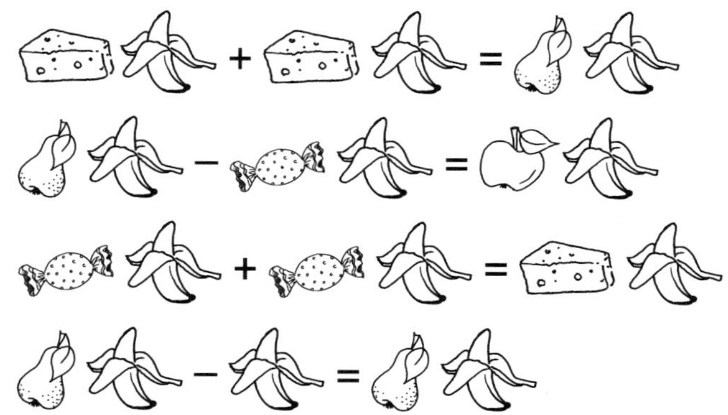

Tipp:
Die Banane steht für die Null und das Bonbon steht für die Zahl 1.

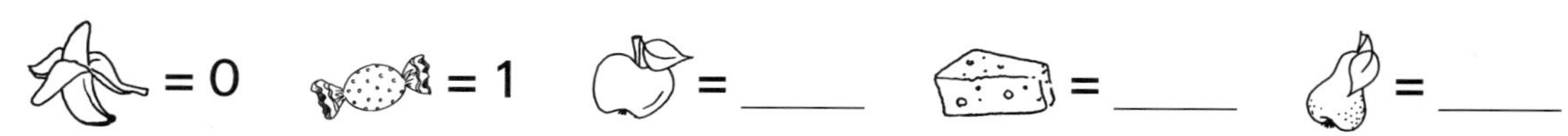

Lösung: = 3 = 2 = 4

Codes

1 Für welche Zahlen stehen die Zeichen? Knacke den Code.

a) Ordne 2, 4, 6 und 8 den richtigen Zeichen zu.

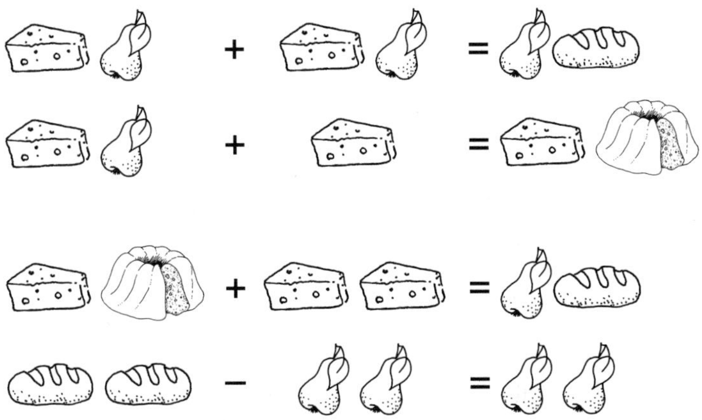

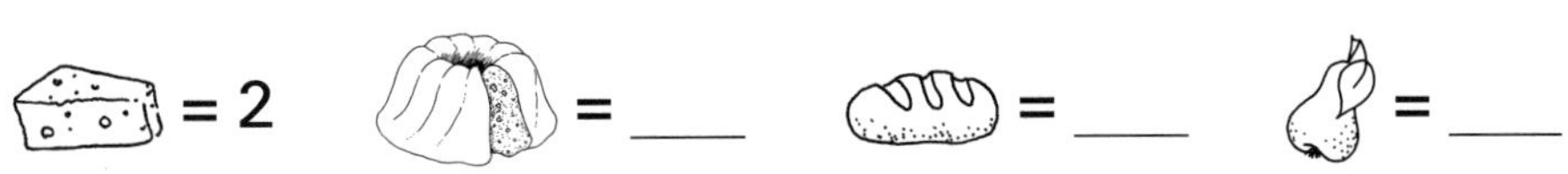

b) Ordne 0, 1, 2, 3, 6 und 7 den richtigen Zeichen zu.

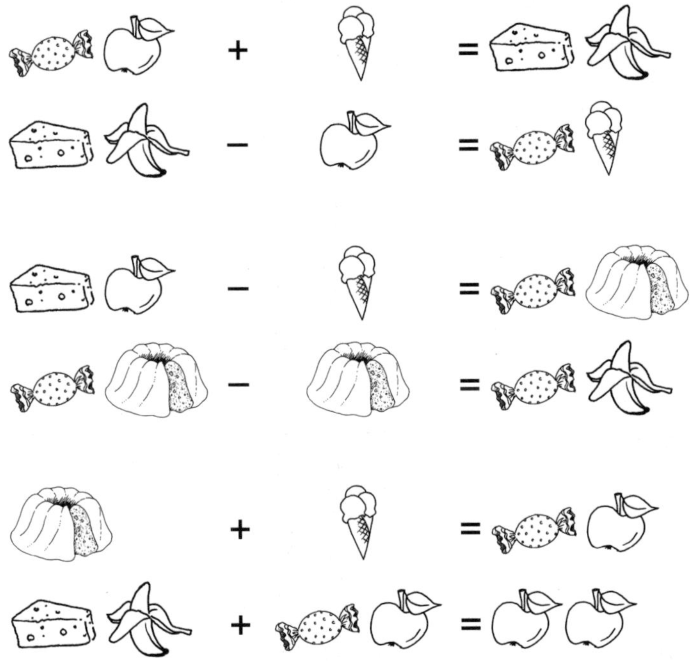

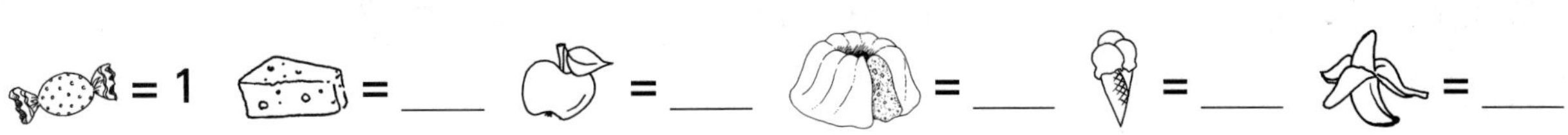

Codes

Lösung **15**

❶ Für welche Zahlen stehen die Zeichen? Knacke den Code.

a) Ordne 2, 4, 6 und 8 den richtigen Zeichen zu.

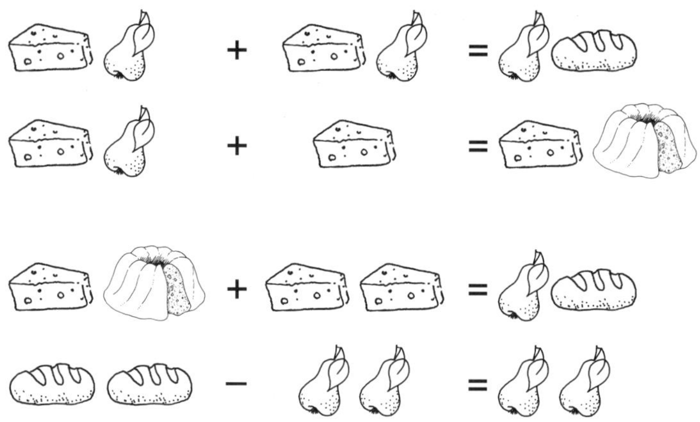

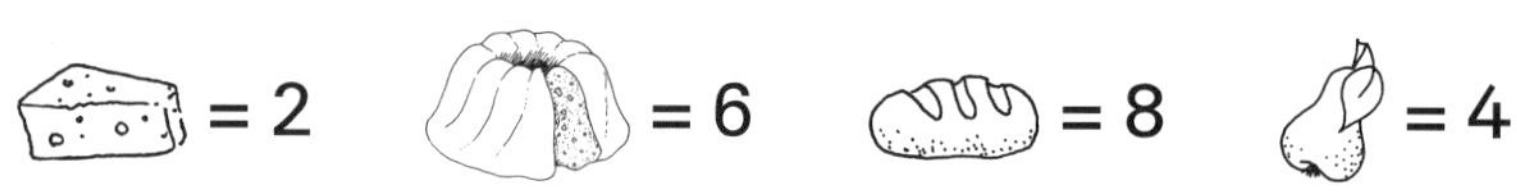

b) Ordne 0, 1, 2, 3, 6 und 7 den richtigen Zeichen zu.

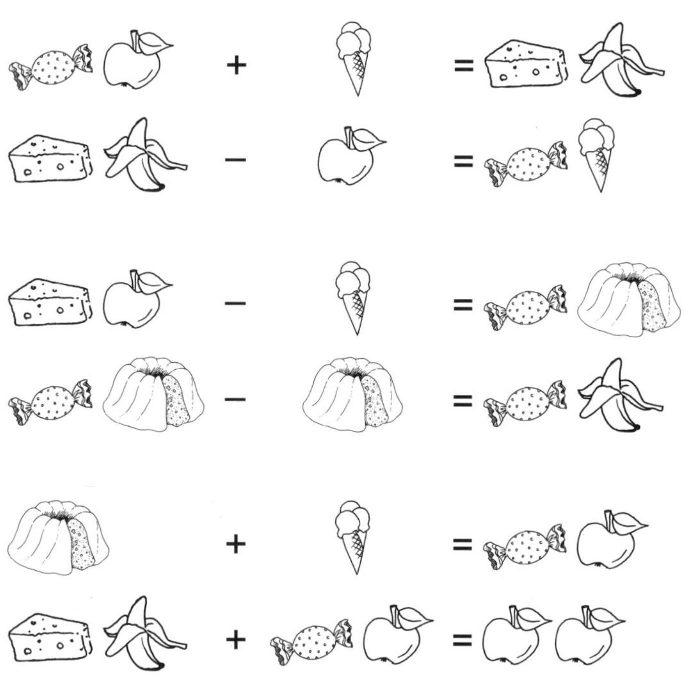

M. Bettner/E. Dinges: Abwechslungsreich Mathe üben! 2. Klasse

Geometrie

Geometrische Formen

1

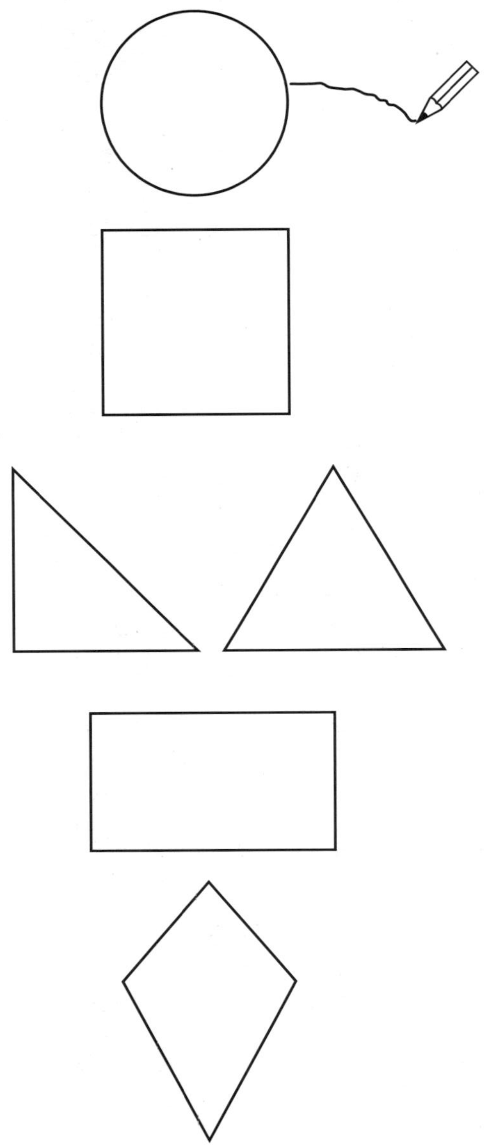

Quadrat

Rechteck

Kreis

Dreieck

Drachen

Geometrische Formen

❶ Wie heißen die abgebildeten Formen? Schreibe sie in das Rätsel.

Waagerecht:

3 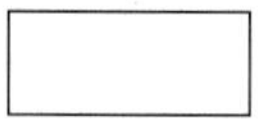

6 

Senkrecht:

1 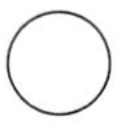

2 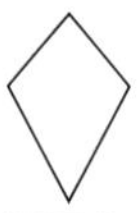

4 

5 

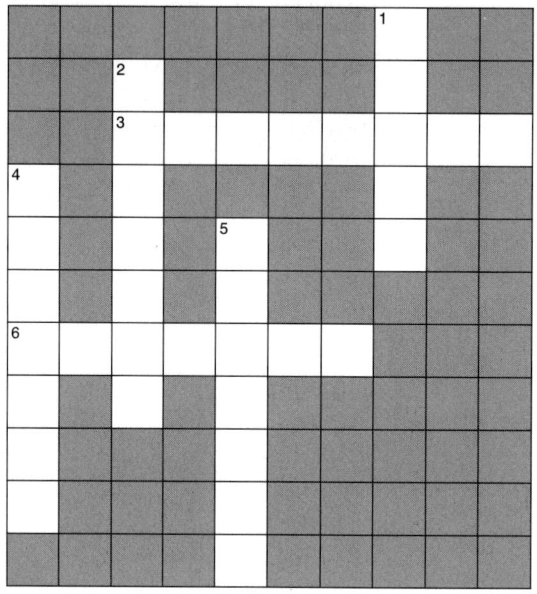

❷ Wie viele Formen findest du? Färbe sie in den Bildern auf der linken Seite ein:

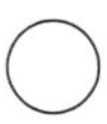 rot  blau  grün  gelb 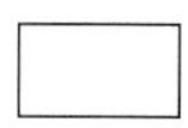 violett

			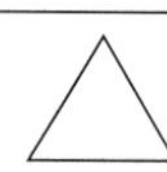	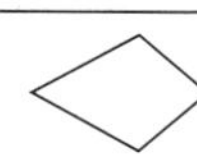		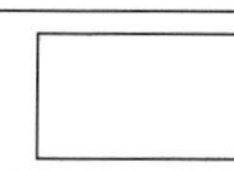
①						
②						
③						
④						
⑤						

Geometrie

Geometrische Formen

Lösung **1**

1 Wie heißen die abgebildeten Formen? Schreibe sie in das Rätsel.

Waagerecht:

3 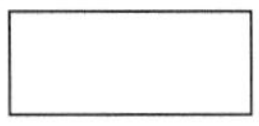

6 

Senkrecht:

1 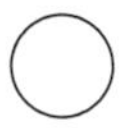

2 

4 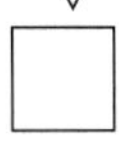

5 

							1 K		
		2 D					R		
		3 R	E	C	H	T	E	C	K
4 Q		A					I		
U		C		5 D			S		
A		H		R					
6 D	R	E	I	E	C	K			
R		N		I					
A				E					
T				C					
				K					

2 Wie viele Formen findest du? Färbe sie in den Bildern auf der linken Seite ein:

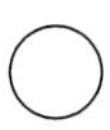 rot  blau  grün 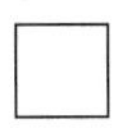 gelb 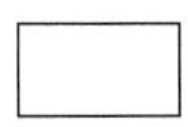 violett

		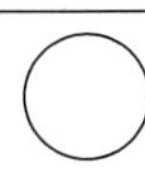	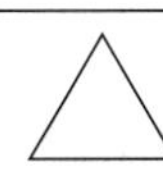	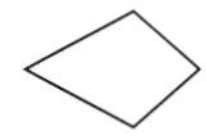		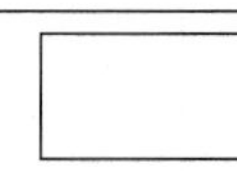
①		3	1	0	0	0
②		0	0	0	3	0
③		1	11	1	0	0
④		10	8	5	0	4
⑤		2	0	0	0	33

Geometrie

Symmetrien

2

Du hast dich sicher schon einmal in einem Spiegel betrachtet.
Dabei hast du gesehen, dass bei deinem Spiegelbild die Seiten vertauscht sind.

Auch Figuren kann man spiegelbildlich ergänzen. Beide Hälften sind dann deckungsgleich, das heißt, die Figur ist symmetrisch.

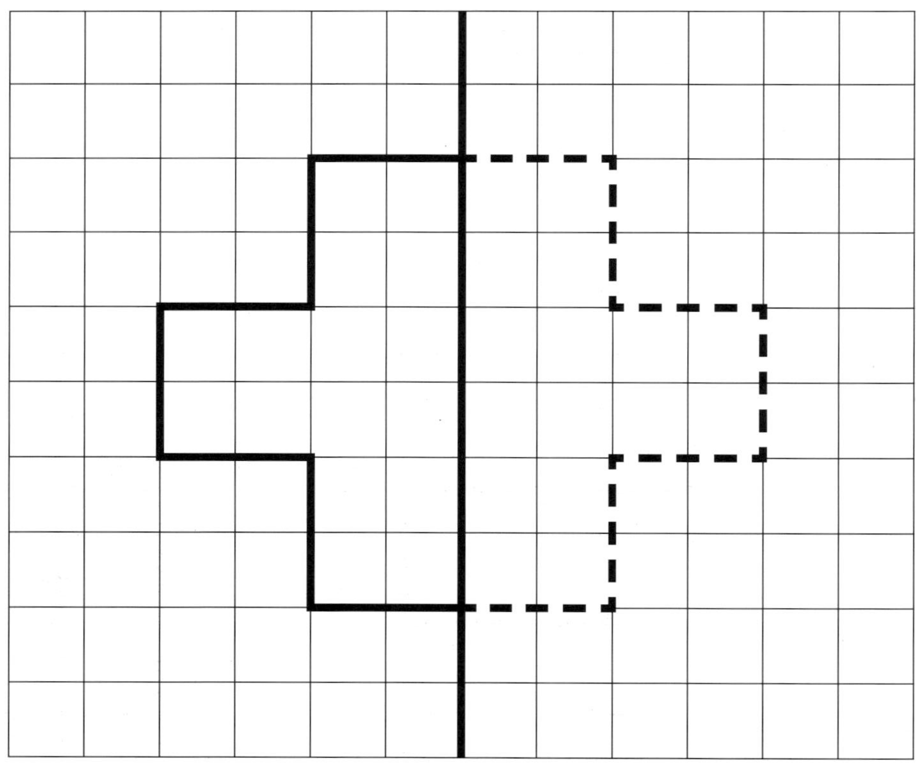

Symmetrien

1 Ergänze spiegelbildlich.

a)

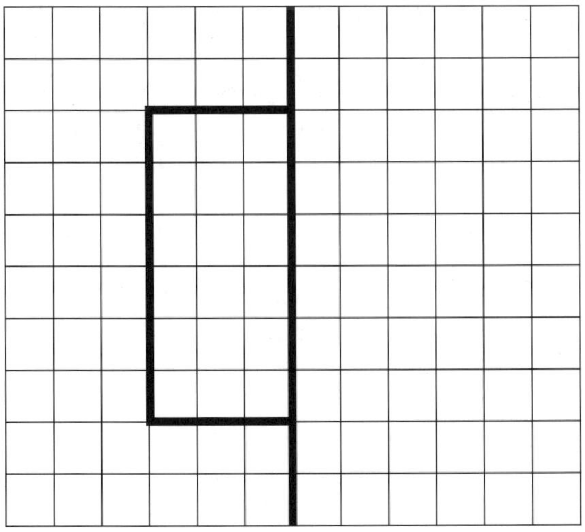

b)

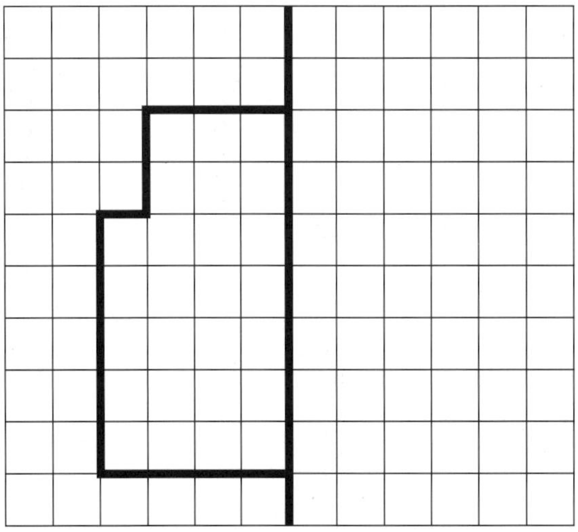

c)

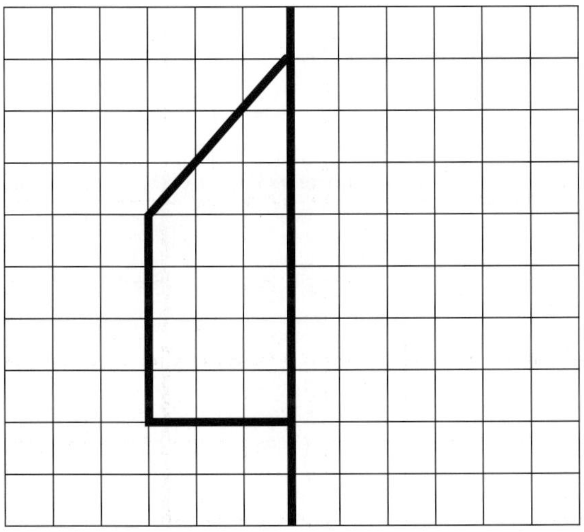

d)

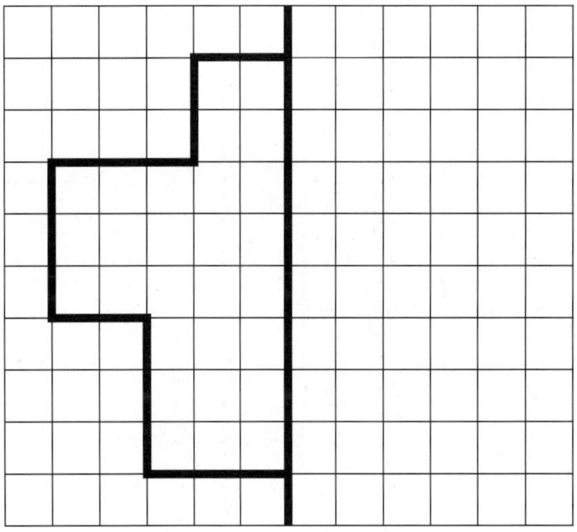

e)

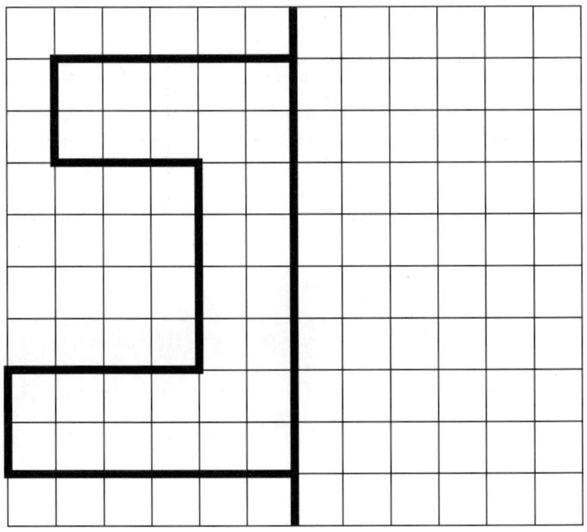

f)

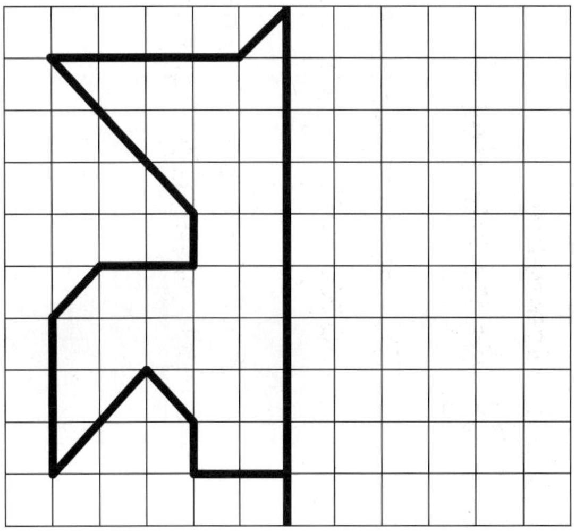

Geometrie

Symmetrien

Lösung **2**

❶ Ergänze spiegelbildlich.

a)

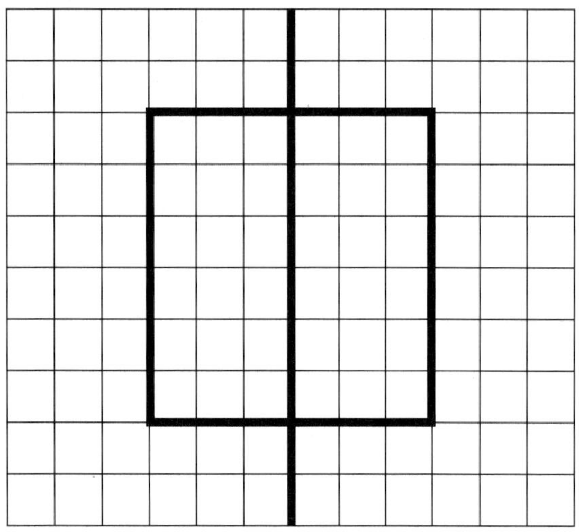

b)

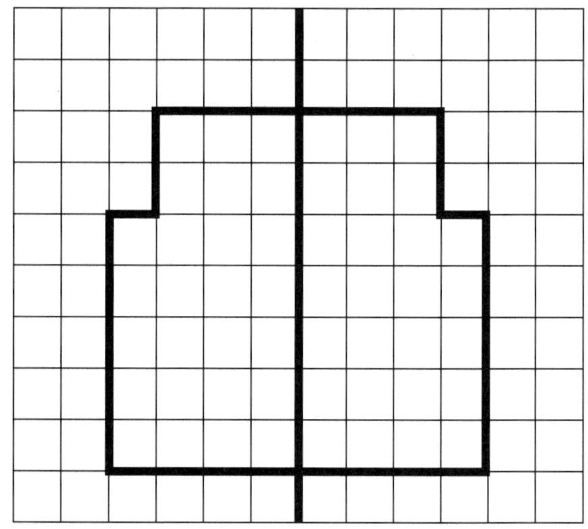

c)

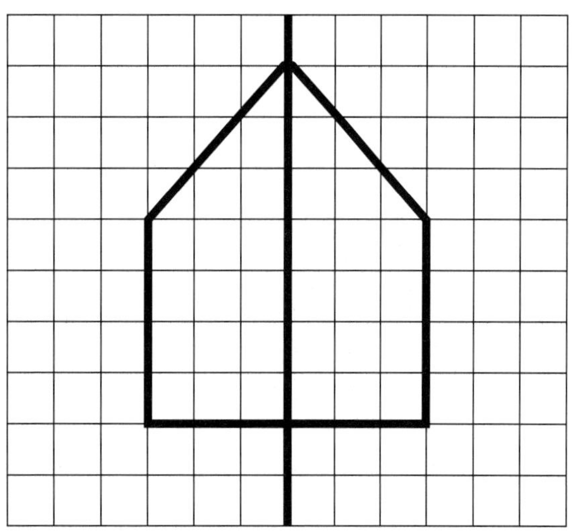

d)

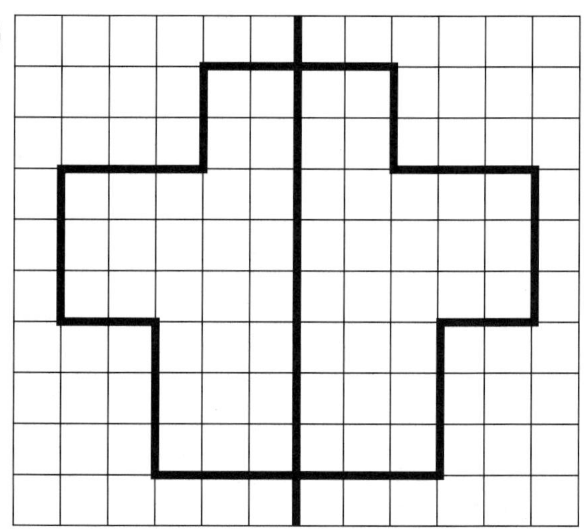

e)

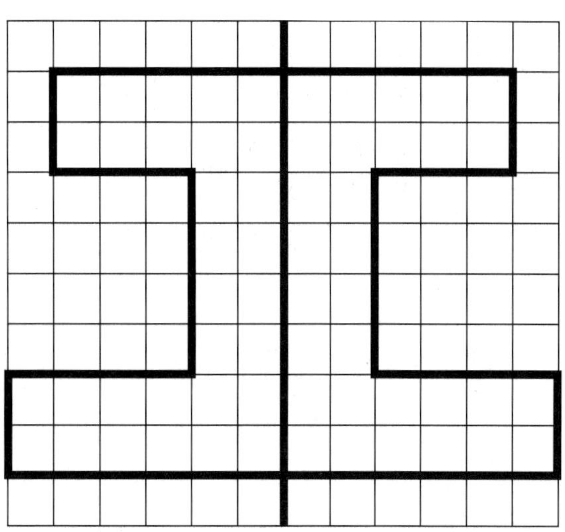

f)

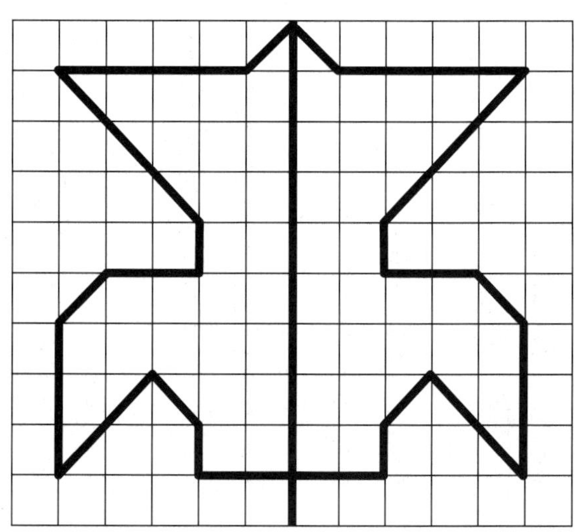

Geometrie

Geometrische Muster

4

Geometrische Muster sind beispielsweise Linien oder Färbungen, die sich gleichmäßig wiederholen.

Um die Muster fortsetzen zu können, musst du zunächst erkennen, welche Abfolge die Muster haben.

Aufgabe:

a) Färbung

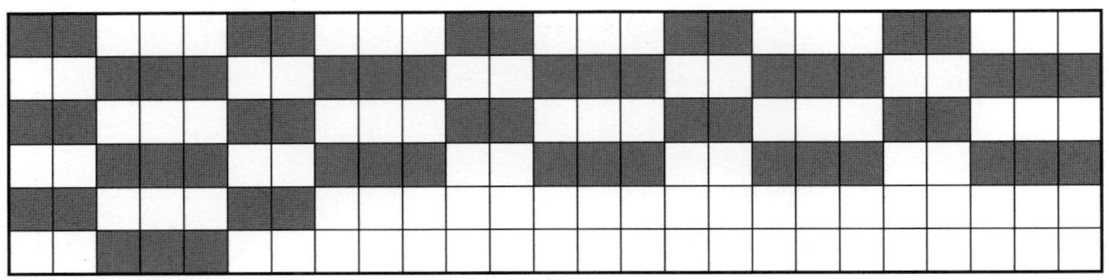

b) Linie

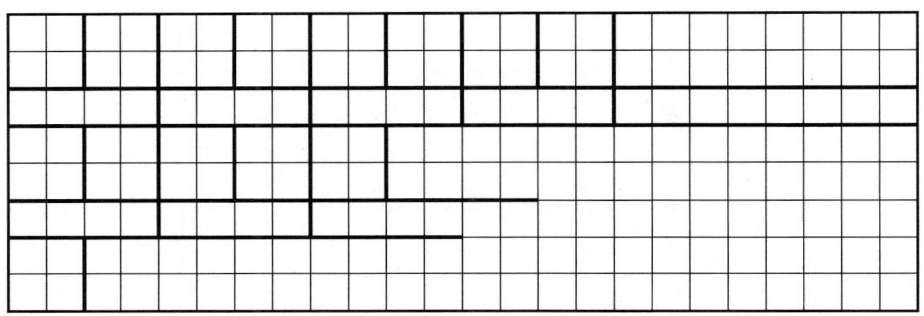

Lösungen:

a) Färbung

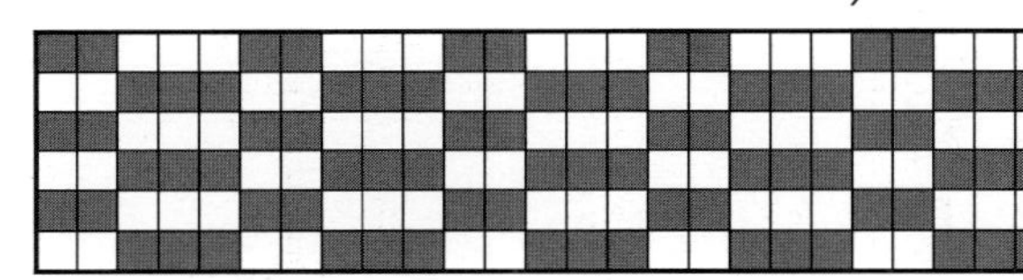

b) Linie

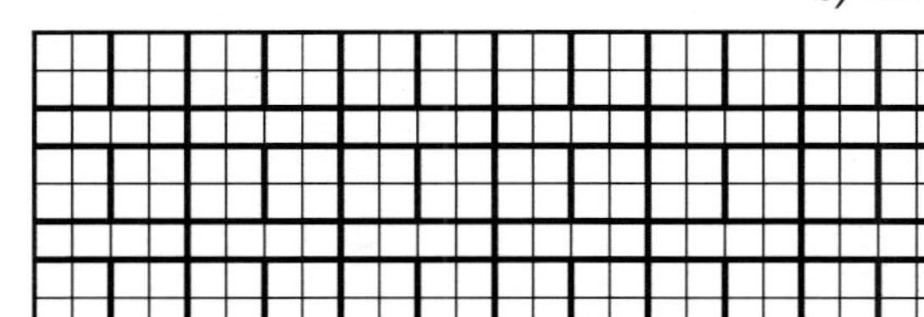

Geometrische Muster

1 Setze die Muster fort.

a)

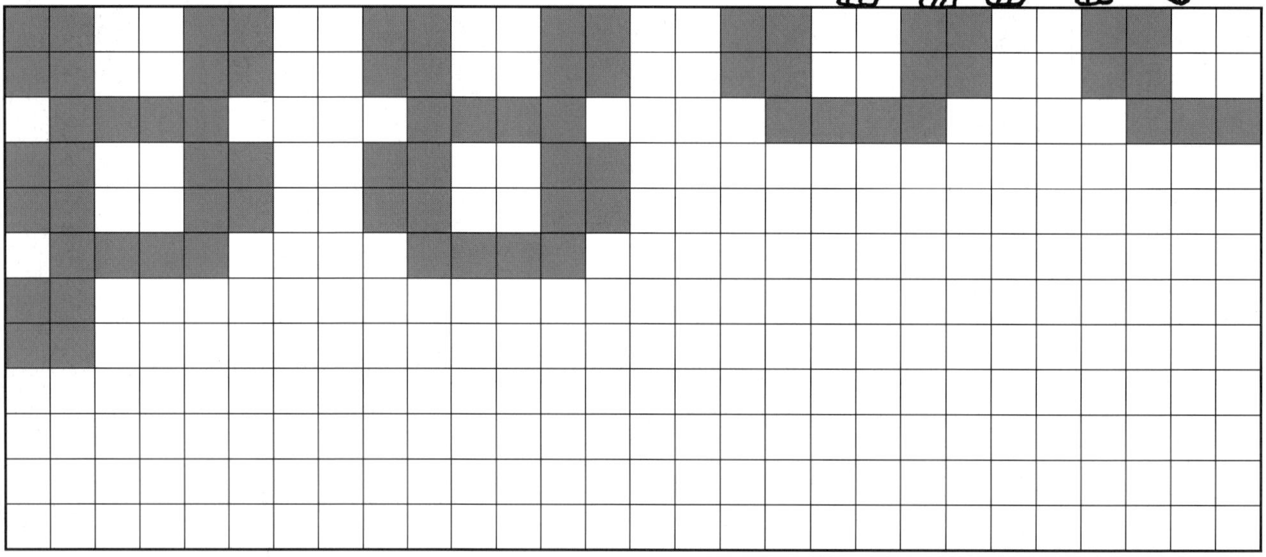

b)

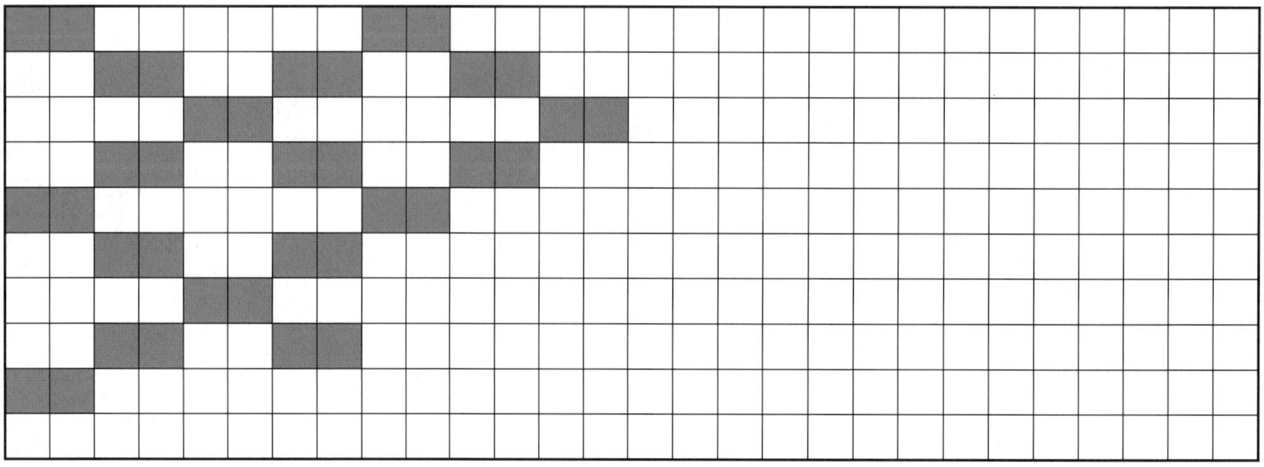

c)

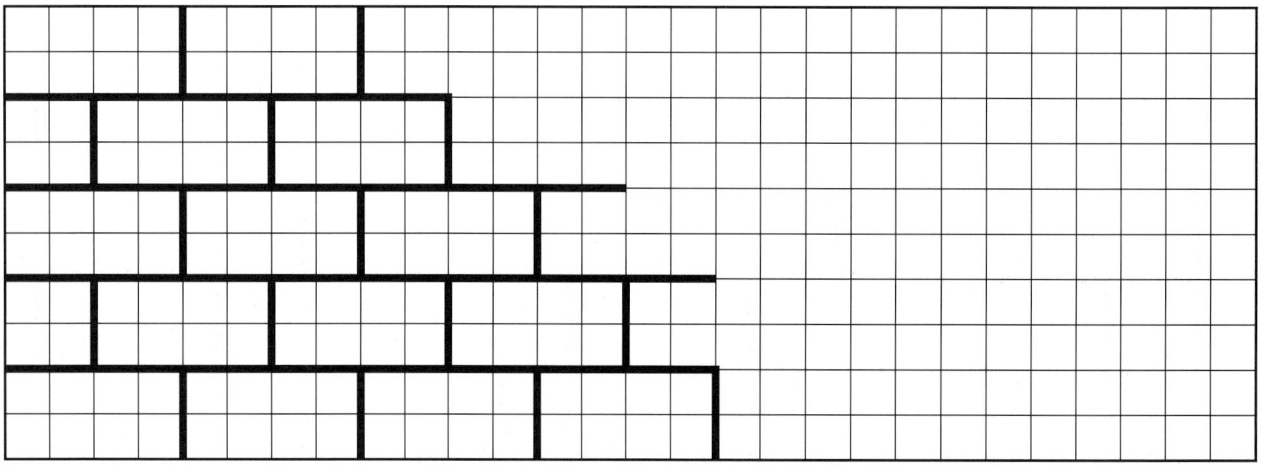

Geometrische Muster

Lösung

3

❶ Setze die Muster fort.

a)

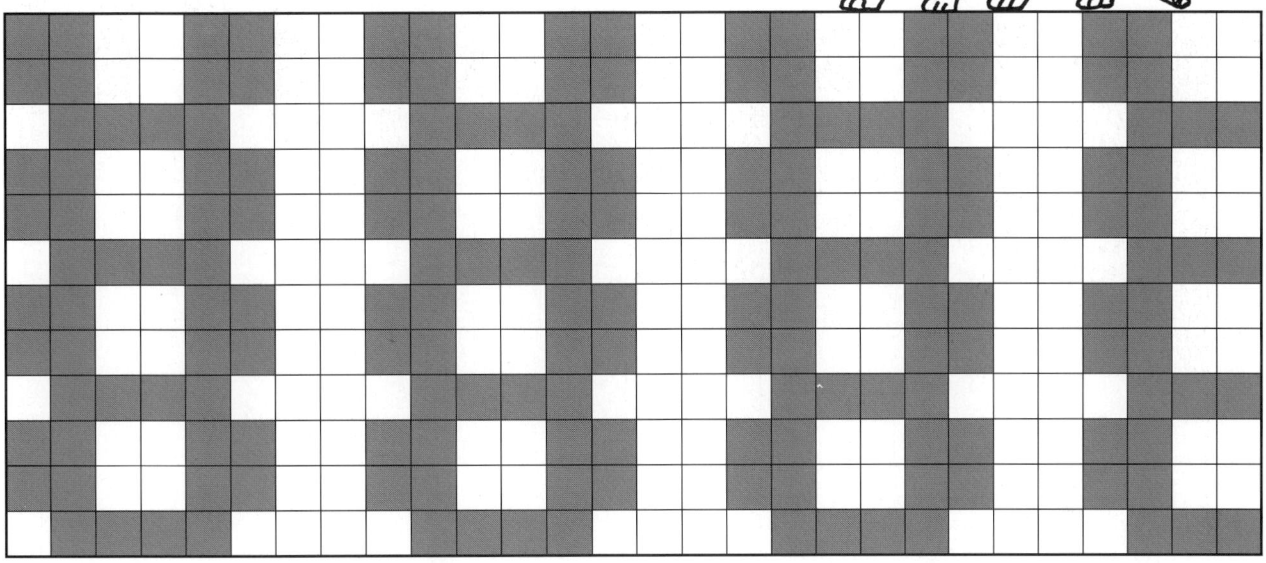

b)

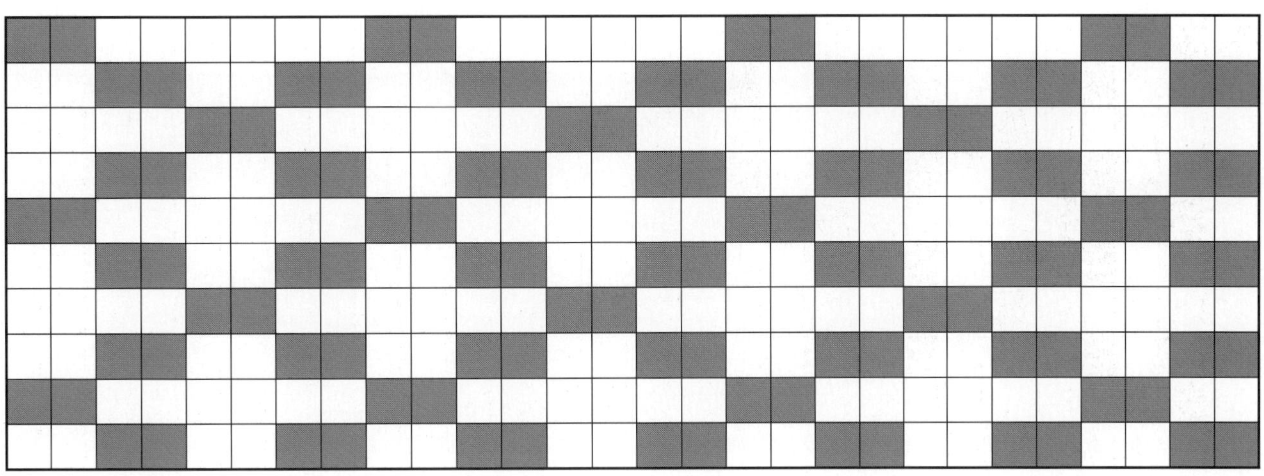

c)

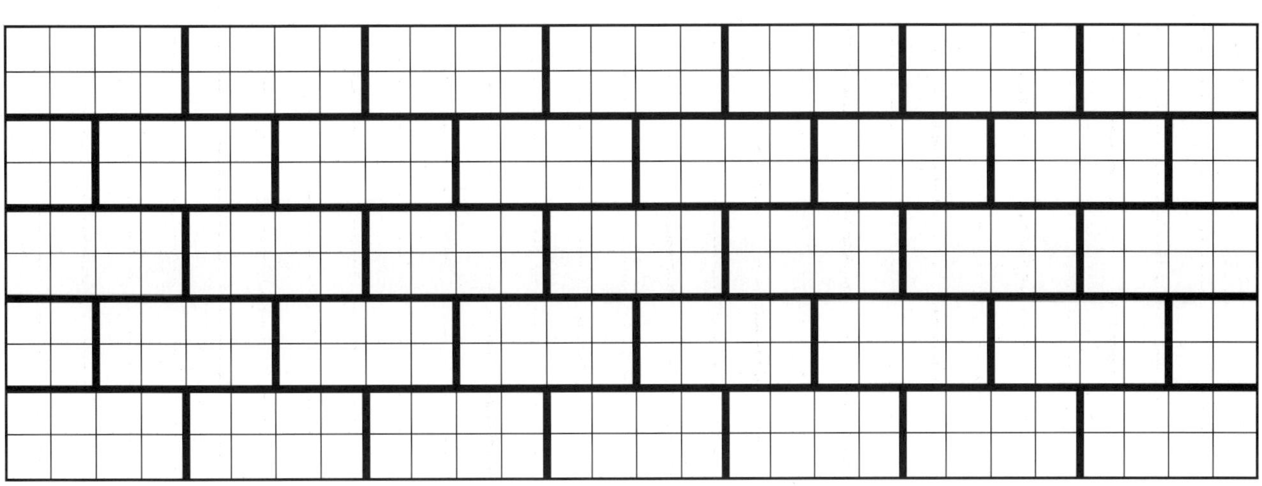

Geometrie

Baupläne

Mit Würfeln kann man Gebäude bauen.
Dazu stellt man die Würfel dicht nebeneinander und übereinander.

Für jedes Gebäude kannst du einen Bauplan zeichnen und aufschreiben, wie viele Würfel übereinandergebaut wurden.

Beispiel:

Gebäude

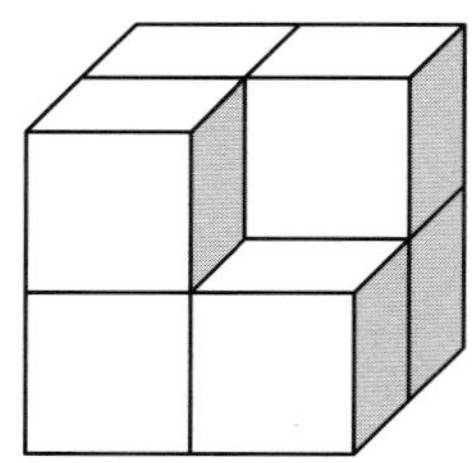

Bauplan

2	2
2	1

Aufgabe:

Gebäude

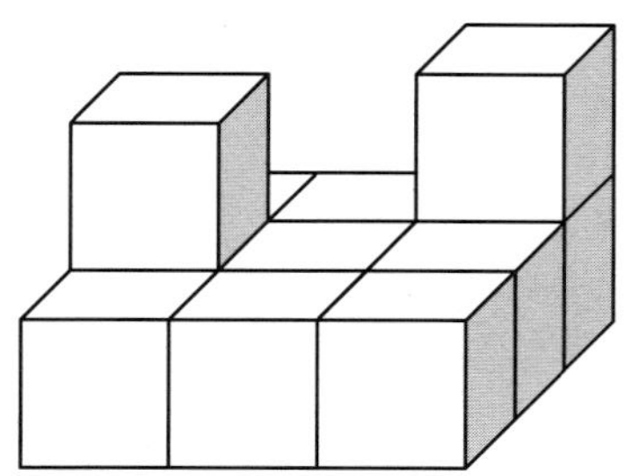

Bauplan

1	1	2

Lösung: 2, 1, 1; 1, 1, 1

Baupläne

1 Ordne den Bauplänen den richtigen Körper zu. Verbinde mit Linien.

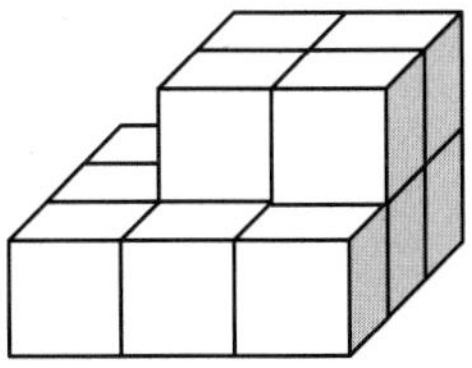

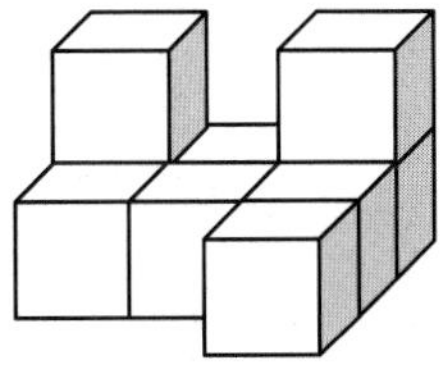

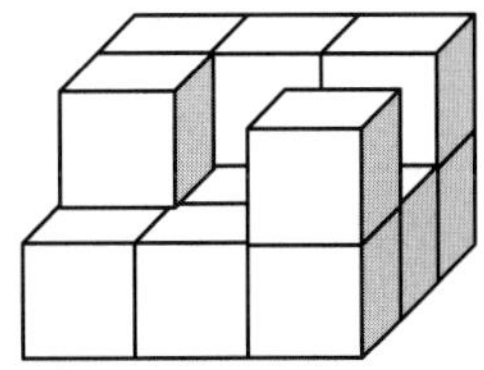

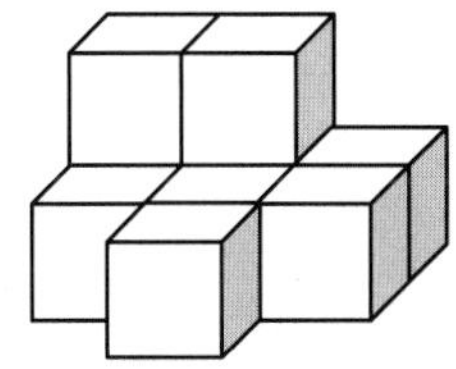

2	2	1
1	1	1
0	1	0

1	2	2
1	2	2
1	1	1

2	1	2
1	1	1
0	0	1

2	2	2
2	1	1
1	1	2

2 Erstelle einen Bauplan.

a)

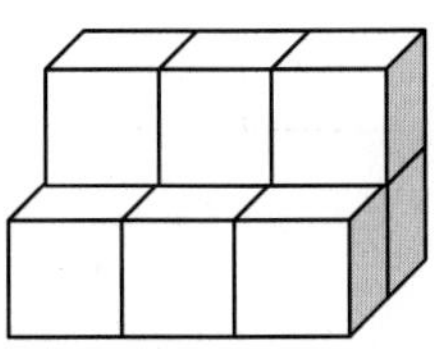

b)

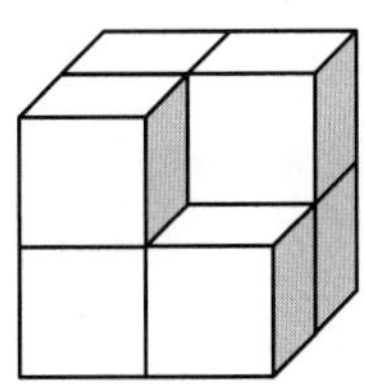

c)

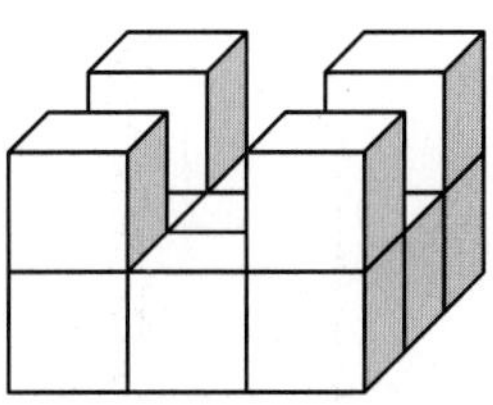

d)

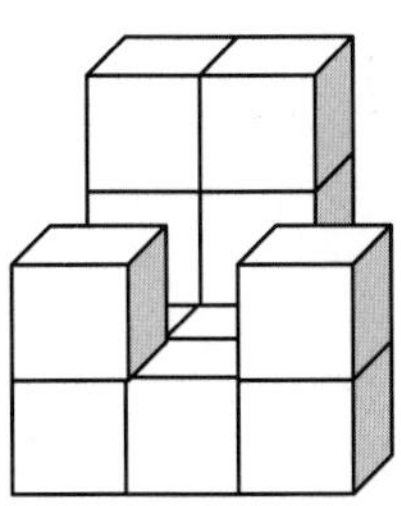

e)

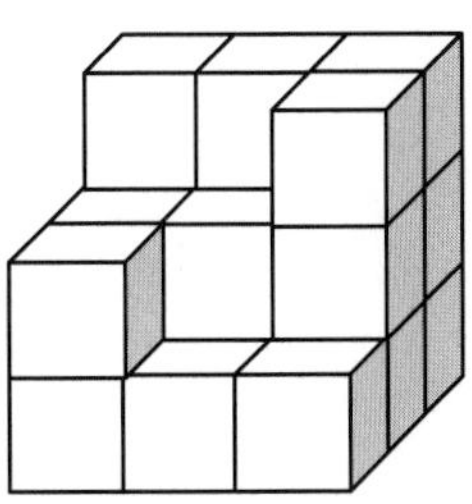

f)

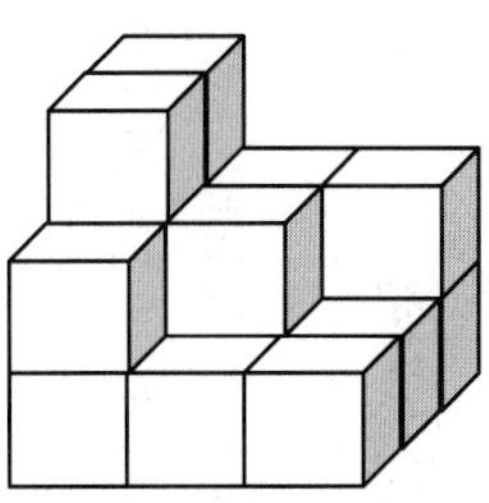

Geometrie

Baupläne

Lösung **4**

❶ Ordne den Bauplänen den richtigen Körper zu. Verbinde mit Linien.

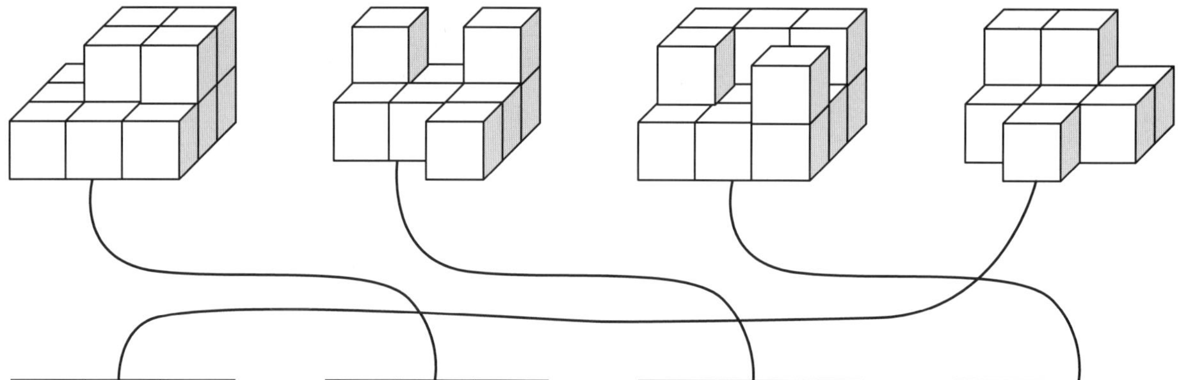

2	2	1
1	1	1
0	1	0

1	2	2
1	2	2
1	1	1

2	1	2
1	1	1
0	0	1

2	2	2
2	1	1
1	1	2

❷ Erstelle einen Bauplan.

a)

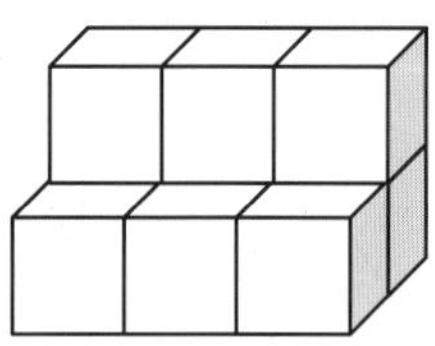

2	2	2
1	1	1

b)

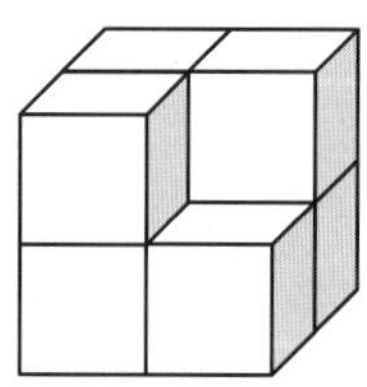

2	2
2	1

c)

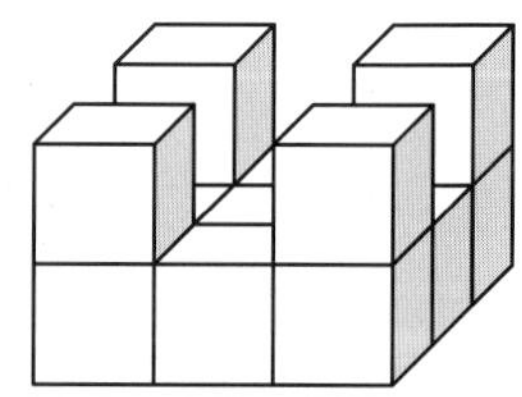

2	1	2
1	1	1
2	1	2

d)

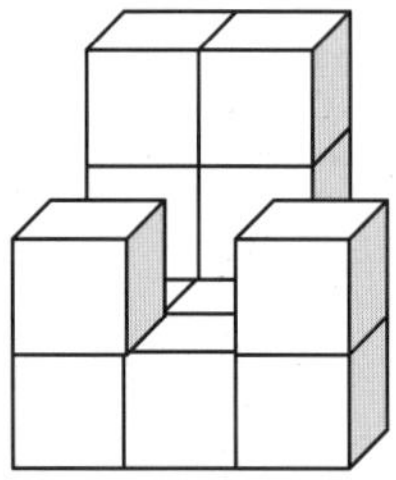

3	3	0
1	1	0
2	1	2

e)

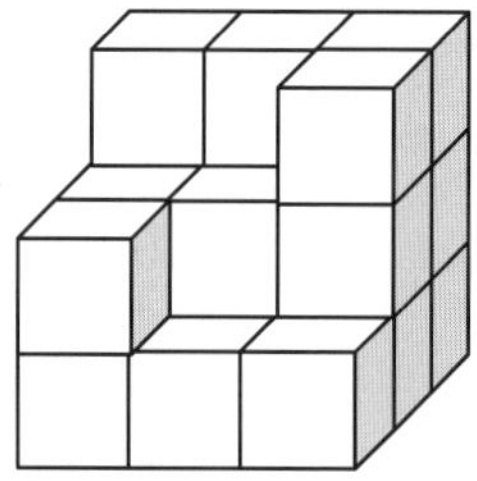

3	3	3
2	2	3
2	1	1

f)

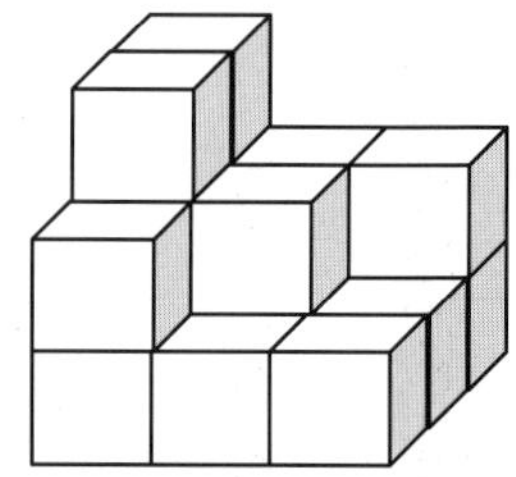

3	2	2
3	2	1
2	1	1

Größen und Sachrechnen

Geldbeträge sortieren

1

Geldbeträge lassen sich nach ihrem Wert sortieren.

Beispiel:

1 ct < 20 ct < 1 €

Aufgabe:
Ordne die Scheine und Münzen nach ihrem Wert.

1 ct < ____ < ____ < ____ < ____ < ____ < ____ < ____ < ____ < ____ < ____ < ____ < ____

Lösung: 1 ct < 2 ct < 5 ct < 10 ct < 20 ct < 50 ct < 1 € < 2 € < 5 € < 10 € < 20 € < 50 € < 100 €

Geldbeträge sortieren

❶ Ordne die Scheine und Münzen nach ihrem Wert von klein nach groß.

1 ct < ____

____

❷ Welche Münzen und Scheine fehlen?

a)  ________ ________  ________ ________  ________

b)  ________ ________ ________ 

❸ Sortiere die Geldbeträge nach dem Wert. Notiere so: 10 € < 50 € < ...

a) 70 € 60 € 10 € 50 € 80 € 100 €

____

b) 37 € 57 ct 38 € 36 € 99 ct 37 € 4 ct 40 €

____

Größen und Sachrechnen

Geldbeträge sortieren

Lösung **1**

❶ Ordne die Scheine und Münzen nach ihrem Wert von klein nach groß.

1 ct < 2 ct < 5 ct < 10 ct < 20 ct < 50 ct < 1 € < 2 € < 5 € < 10 € <
20 € < 50 € < 100 €

❷ Welche Münzen und Scheine fehlen?

a)  2 ct 5 ct  20 ct 50 ct  2 €

b)  10 € 20 € 50 € 

❸ Sortiere die Geldbeträge nach dem Wert. Notiere so: 10 € < 50 € < ...

a) 70 € 60 € 10 € 50 € 80 € 100 €

10 € < 50 € < 60 € < 70 € < 80 € < 100 €

b) 37 € 57 ct 38 € 36 € 99 ct 37 € 4 ct 40 €

36 € 99 ct < 37 € 4 ct < 37 € 57 ct < 38 € < 40 €

Größen und Sachrechnen

Strecken

2

Du weißt:

Strecken haben einen
Anfang und ein Ende.

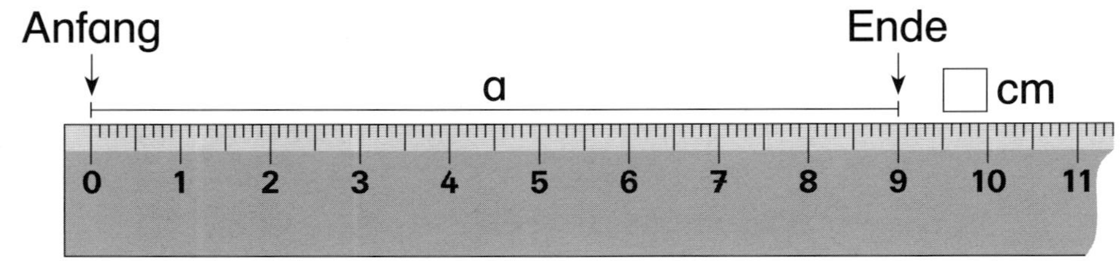

Möchte man eine Strecke zeichnen, so zieht man zunächst eine Linie.
Am Anfang und am Ende der Linie wird ein kleiner Strich gezeichnet.

Zeichne eine Strecke von 12 cm.

1. Linie von 12 cm Länge zeichnen

2. Strich am Anfang zeichnen

3. Strich am Ende zeichnen

Lösung: 9 cm

Größen und Sachrechnen

Strecken

2

1 Zeichne folgende Strecken in den Kasten.

a) 2 cm b) 5 cm c) 10 cm d) 7 cm e) 11 cm
f) 12 cm g) 3 cm h) 8 cm i) 1 cm j) 9 cm

2 Miss die Längen folgender Strecken.

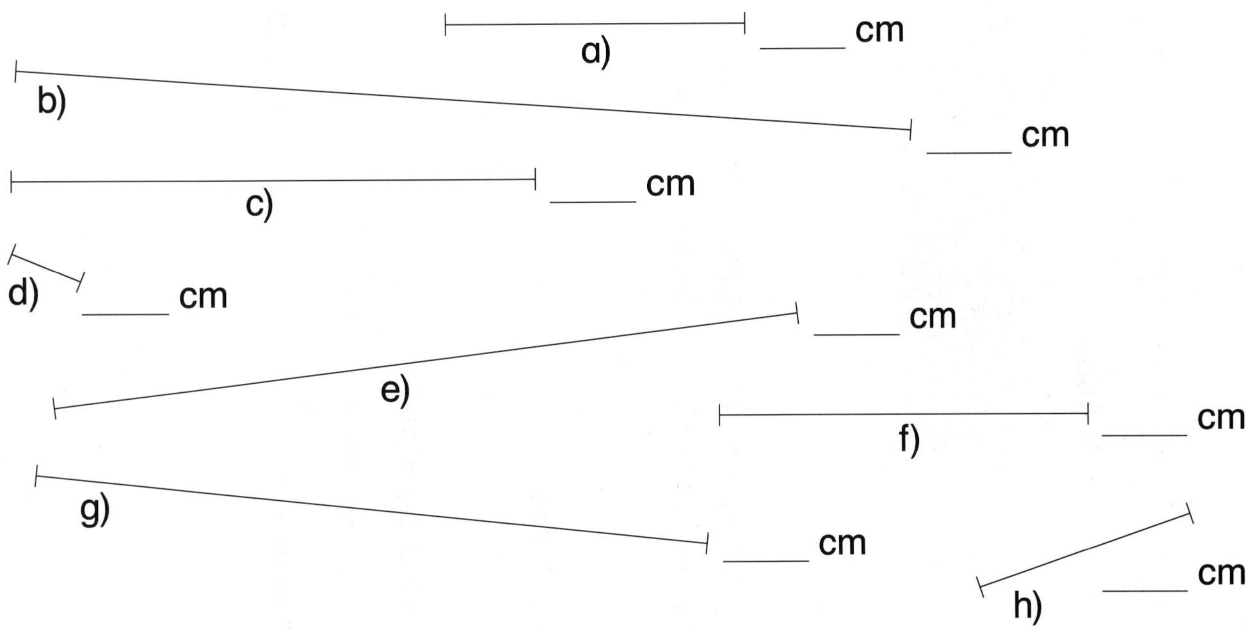

3 Miss die Längen folgender Wege. Achte auch auf das richtige Anlegen des Lineals.

a)

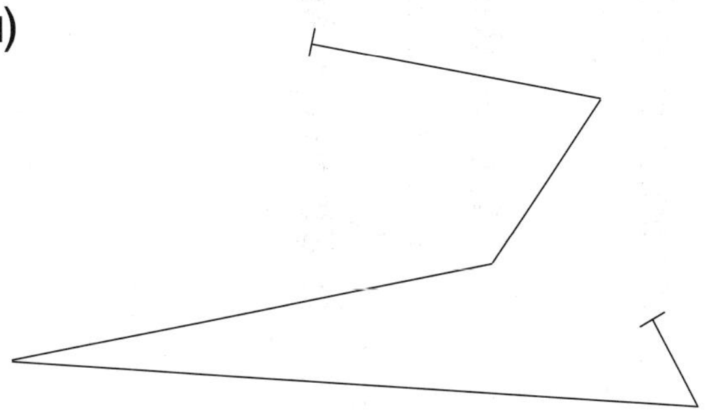

____ cm

b)

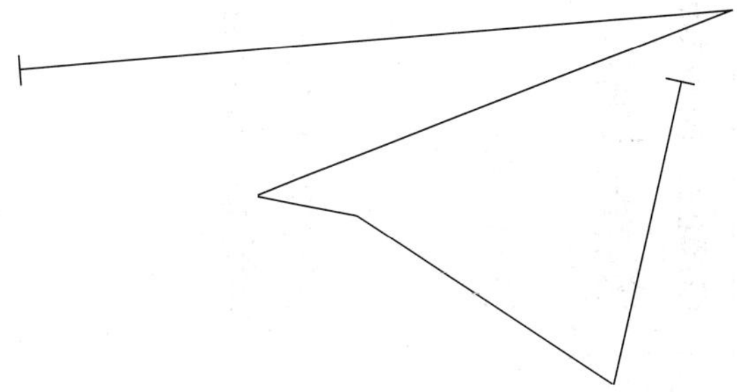

____ cm

Größen und Sachrechnen

Strecken

Lösung **2**

❶ Zeichne folgende Strecken in den Kasten.

a) 2 cm b) 5 cm c) 10 cm d) 7 cm e) 11 cm
f) 12 cm g) 3 cm h) 8 cm i) 1 cm j) 9 cm

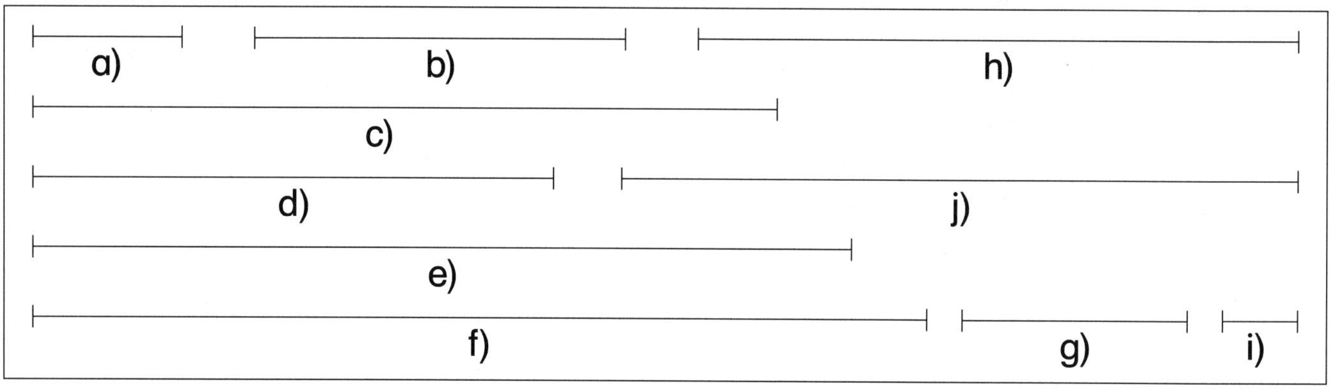

❷ Miss die Längen folgender Strecken.

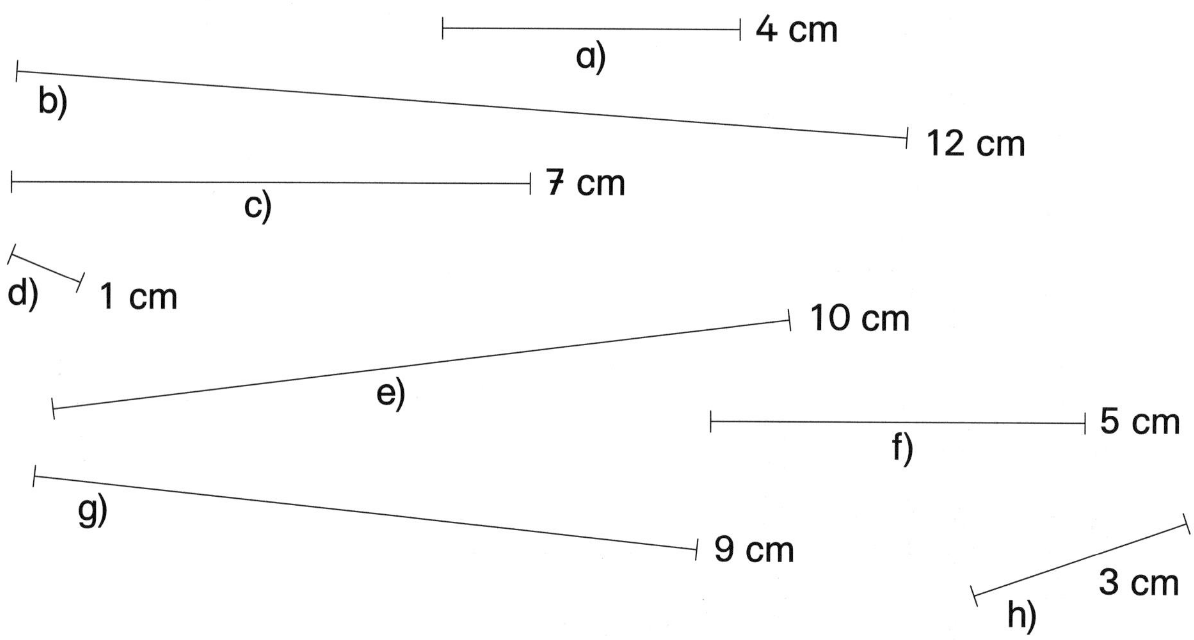

❸ Miss die Längen folgender Wege. Achte auch auf das richtige Anlegen des Lineals.

a)

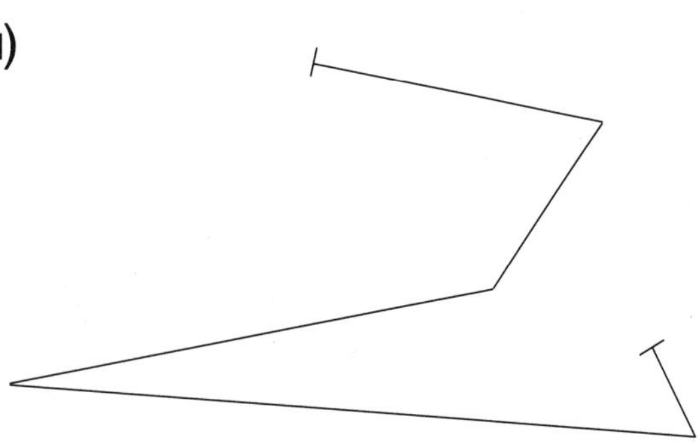

18 cm

b)

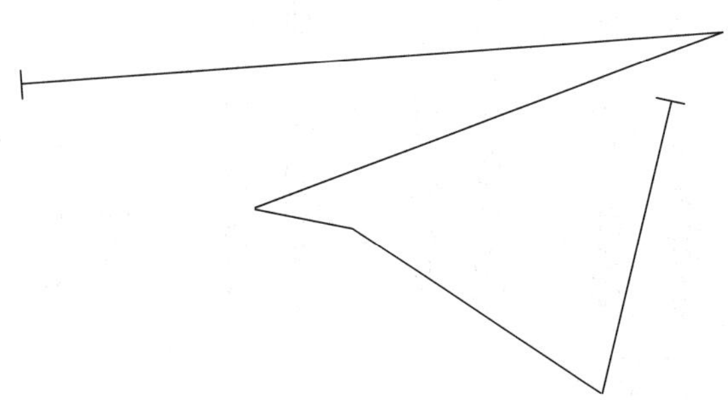

19 cm

Größen und Sachrechnen

Würfelspiele

3

Beim Würfeln kann man sich spannende Fragen stellen, zum Beispiel, welche Zahl wohl am häufigsten gewürfelt wird.

Um die Antwort herauszufinden, legt man eine Tabelle an und trägt für jedes Wurfergebnis einen Strich ein. Anschließend addiert man die Striche und bestimmt die Gesamtzahl.

Beispiel:
Jens hat beim Würfeln mit einem Würfel 3-mal die Zahl 2 geworfen.

Er schreibt:

III

3

Aufgabe:
Lisa hat beim Würfeln mit einem Würfel 2-mal die Zahl 4 und 1-mal die Zahl 5 geworfen.

Sie schreibt:

Lösung:

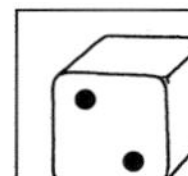

III

3

II

2

I

1

Würfelspiele

1 Nimm einen Würfel.

a) Würfle 30-mal. Mache je nach Augenzahl einen Strich in die Tabelle (2. Zeile).

b) Zähle die Striche für jede Augenzahl zusammen. Trage die Summe in die untere Zeile der Tabelle ein.

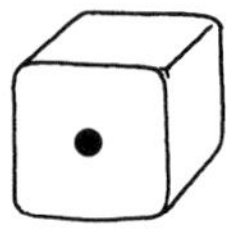					

c) Vergleiche deine Ergebnisse mit den Ergebnissen deiner Mitschüler. Sprecht darüber.

2 Nimm zwei Würfel.

a) Würfle 40-mal. Mache für jede gewürfelte Augensumme einen Strich in die Tabellen (2. Zeile).

b) Zähle die Striche jeder Augensumme zusammen. Trage die Summe in die untere Zeile der Tabellen ein.

2	3	4	5	6	7

8	9	10	11	12

c) Wenn du dir eine „Gewinn"-Zahl aussuchen könntest, auf welche Zahl würdest du tippen? Begründe.

____

Würfelspiele

Wegen der individuell unterschiedlichen Würfelergebnisse ist das Anbieten einer Lösungsseite für die Aufgaben ❶ und ❷a) und ❷b) nicht sinnvoll.

❷ c) Wenn du dir eine „Gewinn"-Zahl aussuchen könntest, auf welche Zahl würdest du tippen? Begründe.

Die Zahl 7: Sie kann mit den meisten „Kombinationen" gewürfelt werden.